日本
给水管道带压管内调查和诊断评估指南

安关峰　何　善◎主编
[日] 杉户大作　日本给水管道管内 CCTV 调查协会◎著
何　善◎译

中国建筑工业出版社

图书在版编目（CIP）数据

日本给水管道带压管内调查和诊断评估指南 / 安关峰，何善主编；（日）杉户大作，日本给水管道管内 CCTV 调查协会著；何善译 . -- 北京：中国建筑工业出版社，2025. 1. -- ISBN 978-7-112-30884-2

Ⅰ. TU991.61

中国国家版本馆 CIP 数据核字第 20257DL690 号

责任编辑：李玲洁　刘文昕
责任校对：张　颖

日本给水管道带压管内调查和诊断评估指南
安关峰　何　善　主编
[日] 杉户大作　日本给水管道管内CCTV调查协会　著
何　善　译
*
中国建筑工业出版社出版、发行（北京海淀三里河路9号）
各地新华书店、建筑书店经销
北京海视强森图文设计有限公司制版
建工社（河北）印刷有限公司印刷
*
开本：787毫米 × 1092毫米　1/16　印张：8　字数：157千字
2025 年 3 月第一版　2025 年 3 月第一次印刷
定价：60.00元
ISBN 978-7-112-30884-2
（43894）

如有内容及印装质量问题，请与本社读者服务中心联系
电话：（010）58337283　QQ：2885381756
（地址：北京海淀三里河路 9 号中国建筑工业出版社 604 室　邮政编码：100037）

序1　引言

自 1887 年日本在横滨开始供水以来，距离日本最初的现代供水系统已经过去了 127 年。如今，日本全国供水普及率达到 97.5%，接近全民普及供水服务水平，在支撑健康舒适生活和先进城市活动方面发挥着重要作用。

近年来，人们对城市给水管道系统的需求不断增加，对“能够应对地震等灾害的管道”“旱时不断水的管道”“没有异味和浑浊的安全管道”等需求旺盛。

此外，为了应对国内能源问题，供水企业必须改善水管中的水流，防止漏水，减少能源损失，努力应对全球变暖。为了满足这些需求，对给水管道设施，尤其是总长 63.3 万 km、铺设了 40 多年后，强度和功能下降程度较大的给水管道进行战略性高效修复已成为紧迫问题。

给水管道带压管内调查（以下简称 CCTV 调查，Closed Circuit Television），是指在给水管道运营中，将摄像头插入管道中，对管道内沉积物状态、结垢状态、老化状态、异物污染等通过地面的监视器上实时显示并确认的一种技术。这样的调查技术能够提供正确管理管道所需的信息，并有望在探讨管道修复、更新的优先顺序等方面发挥重要作用。

日本给水管道管内 CCTV 调查协会成立至今已有八年，但随着供水企业的兴趣逐年增加，开展调查的数量也不断增加。作为协会，我们一直致力于在日本范围内扩大和强化组织规模，开展面向供水公司的宣传活动，改善和改进调查技术和设备。

我们编写了与给水管道 CCTV 调查技术相关的说明书、杂志和宣传册。然而，还没有发布任何系统完整地总结给水管道 CCTV 调查技术的出版物。在这个时候，我们收到了日本给水管道管内 CCTV 调查协会顾问小林康彦先生提出的编写《给水管道 CCTV 调查指南》[①] 的建议。

① 《给水管道 CCTV 调查指南》为本书上篇内容。

日本给水管道管内 CCTV 调查协会着眼于今后 CCTV 调查的普及和发展，非常适时地完成了一般社团法人化，与此同时我们成立了本书编写委员会，着手进行编写工作。本书内容通俗易懂地描述了管道 CCTV 调查的意义和必要性、使用的 CCTV 设备和调查方法。我们希望给水管道从业者，给水管道 CCTV 调查从业者，以及对该技术感兴趣的人们，都能来阅览和交流。

我们由衷地希望读者能通过本书加深对管道 CCTV 调查技术的了解，并在今后的工程实践中灵活利用该技术。

我们希望管道 CCTV 调查技术能够为日本给水管道的高效计划性的诊断、修复和改善、提升抗震性等作出贡献，为给水事业的进一步发展作出贡献。我们真诚地请求各位读者的指导和支持。

最后，我们对委员会成员和参与编写本书的每个人的辛勤工作表示深深的感谢。

一般社团法人　日本给水管道管内 CCTV 调查协会　会长

杉户大作

2014 年 5 月

序 2　关于给水管道 CCTV 调查的思考

1. 协会的成立和活动

2001 年，日本在神户市开发了将摄像机插入给水管道并观察内部情况的技术，并在实践中得到应用。即使理论上不难，但要建立一个既能保证卫生、又能保证操作得当的、把摄像机放在通水的管道内进行准确操作的技术，依然存在很多需要解决的问题，很难实现实际工程应用。

随着使用 CCTV 调查技术的企业数量的增加，创建一个日本全国性组织来普及调查并提高技术的势头有所增加，因此日本给水管道管内 CCTV 调查协会于 2006 年成立，而我是从筹备阶段就加入了该协会。

起初，以“不断水”调查技术作为卖点的意愿在协会内反响很强烈，但考虑到限制应用范围会缩小未来的发展机会，所以最终采用一个更通用的名称，以期同时能考虑在没有水的情况或水流停止的情况下进行调查。

在大学教授和供水业界的合作下，协会一直在积极开展会员大会、研讨会、设备认证制度、新闻发布会等活动，但在调查方法的体系化和对外传播信息方面，还存在一些不尽人意的地方。

2. 对该指南的期望

换言之，尽管给水管道使用 CCTV 调查技术的意识正在提高，但成体系的出版物或简单的使用指南还尚未编制完成。

因此，我们建议协会编写《给水管道 CCTV 调查指南》。

该计划将以协会的名义组织实施，编写委员会于 2013 年启动。

《给水管道 CCTV 调查指南》的目标如下：

（1）为那些对给水管道感兴趣的人提供必要的信息，以准确了解给水管道 CCTV 调查技术。

（2）在政府供水部门做规划时，为其提供必要的准确信息，以促进调查技术的普及。

（3）一份系统的调查指南将有助于提高协会会员和工作人员的技术和规划能力，并将有助于促进该领域的发展。

我们很高兴在委员会成员和其他有关方面的努力下，编写了一本通俗易懂、内容丰富的书。

今后，希望能在这本书的基础上，继续发展技术，积累经验，适时修订。

3. 对内部的信息传播

管道是供水服务的关键设施，在决定服务质量方面占有重要地位。尽管如此，人们尚未看到有关方面采取积极行动。造成这种情况的主要原因，一方面是由于它们在地下，埋在道路中，因此不能仅凭供水公司的意志来控制；另一方面是由于人们对诊断、评估和预测其功能的必要性认识不足，除非发生重大问题，否则没有采取任何行动来检测这些设施。管道管理是一项平凡而持久的任务，因此我们要做好准备，必须使管线图保持在最新状态。

作为可以掌握管道内部情况的 CCTV 调查技术，可以为我们提供大量信息。未来我们期待这项技术不仅可以用于观察管道内部情况，而且还可以从管道内部直接传递出信息，以便更有效地掌握管道内部的状态。

日本给水管道管内 CCTV 调查协会　顾问

小林康彦

序 3

日本给水管道管内 CCTV 调查协会编写了《给水管道 CCTV 诊断评估指南》[①]，用于通过管道 CCTV 调查进行内壁诊断评估以及管道修复和修复的实际应用等。我们希望日本各地的供水公司在推动改善管道老化的项目时，可以参考本指南。

七百万年来，从人类诞生到今天，我们一直在与细菌、病毒和其他传染病的致病微生物做斗争。

在日本，从 1858 年结束闭关锁国开始，与外国的贸易变得更加活跃，与外国人的交流也更加频繁。这导致了霍乱的爆发以及伤寒和其他传染病成为流行病。从江户时代到明治时代，有超过 20 万人死于霍乱，主要是由饮用水的不卫生导致的。因此，作为一项预防措施，明治政府开始推进现代给水和污水处理系统的建设。

此后接近一个半世纪后，我们几乎实现了自来水的全面供应，拥有世界上最高的给水标准，随时随地都能获得安全、美味的水。这也是创建现代城市、保护健康而舒适的公民生活以及建设一个健康和长寿水平居于世界前列的国家核心驱动力。

日本给水系统的迅速发展发生在第二次世界大战后的快速增长时期。然而，半个世纪过去了，这些设施已经变得陈旧，但由于给水量下降导致水务公司的财务状况恶化，老化管道的修复工作一直进展缓慢。如果这种情况继续下去，会不断增加由于地震等自然灾害或管线事故导致的给水中断风险。

因此，日本政府正在制定措施，促进管理改革，如扩大给水范围和合理利用民营企业等，以确保在未来几年内，对给水服务进行良好管理，以应对出生率下降和人口老龄化导致的长期人口下降。

---

① 《给水管道 CCTV 诊断评估指南》为本书下篇内容。

管道 CCTV 调查是使用 CCTV 调查管道内部，诊断管道的功能和老化状况，并帮助制定更换旧管道、修复为抗震管道，推进修复计划的一种方法。

2014 年，协会编写了《给水管道 CCTV 调查指南》，这是一份描述管道 CCTV 调查意义、目的、技术等调查全过程的指南。从那时起，日本范围内的管道 CCTV 调查业绩增加，人们的兴趣也越来越大。为了让所有参与给水调查项目的人员更广泛地应用调查结果，我们编写了这本指南。

我们要感谢管道内壁诊断评估委员会委员长小泉先生、委员会成员和其他所有参与编写这本指南的人们的辛勤工作。

我们真诚地希望，这本指南将有助于确保日本的世界级给水系统继续以良好的状态传给下一代。

一般社团法人　日本给水管道管内 CCTV 调查协会　会长

杉户大作

2020 年 10 月

序4　引言

今天，日本的自来水普及率已经达到98%，这意味着无论你在日本的什么地方，你都可以直接从水龙头喝到安全、美味的水。

这是世界上无与伦比的自来水普及水平，是应该为子孙后代保留的宝贵资产。与日本在漫长历史中孕育的文化和风土人情一样，世界上最高标准的自来水供应也是非常值得骄傲的。

一方面，在经济快速增长时代完成的不断建设和扩张的给水管道设施已经开始老化，对管道进行稳步修复的工作已经刻不容缓。另一方面，给水管道的恩惠早已被人遗忘，甚至许多人错误地认为即使无视给水系统老化的现状，不采取任何措施，也能够继续享受这样的给水服务。为了能维持现在的给水管道水平，目前日本给水管道系统都需要适当地修复并采取紧急抗震措施，然而日本各地的相关进展都很缓慢。

因此，为了掌握老化管道的实际情况，日本给水管道管内CCTV调查协会于2014年5月编写了《给水管道CCTV调查指南》，在日本全国范围内广泛开展对管道实际状况的调查，并利用调查结果进行适当的修复和主动养护管理。为了客观地评估已经开始推广的CCTV调查结果，我们还编写了《给水管道CCTV诊断评估指南》，并希望效仿对人类的内窥镜健康检查，在给水管道系统中推广相当于“早期发现病灶并采取适当治疗措施”的做法。这本指南是管道内壁诊断评估委员会两年来的研究结果，我们对所有委员会成员的热情合作表示最深切的感谢。

我们真诚地希望这本指南能对确保未来的安全给水起到一定的帮助。

管道内壁诊断评估委员会　委员长

东京都立大学大学院　特聘教授、工学博士

小泉明

2020 年 10 月

译者序

供水行业是城市的基本服务行业之一，供水系统是支撑中国经济社会发展、保障居民生产生活最重要的基础设施之一。2021 年，全国城市供水管道长度 105.99 万 km，较 2020 年增加了 52990km，同比增长 5.26%。2021 年全国城市公共供水漏损水量达到 80.4 亿 m^3，平均漏损率 12.8%；2022 年 1 月，《住房和城乡建设部办公厅 国家发展改革委办公厅关于加强公共供水管网漏损控制的通知》（建办城〔2022〕2 号）明确要求，到 2025 年，我国的供水管网漏损率要力争控制在 9% 以内。

以习近平新时代中国特色社会主义思想为指导，坚持人民城市人民建、人民城市为人民，按照建设韧性城市的要求，坚持节水优先，科学合理确定城市公共供水管网漏损控制目标。供水企业必须改善水管中的水流，防止漏水，减少资源浪费和能源损失，努力应对全球变暖。为了满足这些需求，对给水管道设施，尤其是总长超过 100 万 km、铺设了 70 余年，强度和功能下降程度较大的给水管道进行战略性高效修复已成为紧迫问题。发现并解决给水管道的问题成为供水行业的首要任务。

给水管道 CCTV 调查是指在给水管道运营中，将摄像头插入管道中，对管道内沉积物状态、结垢状态、老化状态、异物污染等通过地面的监视器上实时显示并确认的一种划时代的技术。这样的调查能够提供正确管理管道所需的信息，并有望在探讨管道修复、更新的优先顺序等方面发挥重要作用。

日本东京都立大学大学院教授，管道内壁诊断评估委员会委员长小泉明教授结合大量的理论研究和工程实践，通过效仿对人体的内窥镜健康检查，在给水管道系统中推广相当于“早期发现病灶并采取适当治疗措施”的做法，利用调查结果对给水管道进行适当的修复和主动养护管理。为此，日本全国给水管道管内 CCTV 调查协会于 2014 年 5 月编写了《给水管道 CCTV 调查指南》，2020 年 10 月编写了《给水管道 CCTV 诊断评估指南》。

本书经过日本给水管道管内 CCTV 调查协会会长杉户大作的书面授权，由广州市市政集团有限公司安关峰总工程师和小泉明教授的学生杭州诺地克市政工程有限公司总经理何善先生联合编译完成。为便于业内同行理解和使用，将书名定为《日本给水管道带压管内调查和诊断评估指南》，分上下两篇，上篇为“给水管道 CCTV 调查指南”，下篇为“给水管道 CCTV 诊断评估指南”。

我们真诚地希望本书能对我国给水管道的病害检测发挥重大作用。

这里一并感谢广州市市政集团有限公司熊柄博士对此书作出的贡献。

限于译者水平，书中难免存在疏漏和不妥之处，敬请各位专家和读者不吝批评指正。

译者

2024 年 10 月

目　录

上　篇　给水管道 CCTV 调查指南

下　篇　给水管道 CCTV 诊断评估指南

上篇

给水管道 CCTV 调查指南

第 1 章 给水管道 CCTV 调查概述

1. 给水管道的现状

根据日本 2010 年给水管道统计，管道总长度（输水管、送水管、配水总管和配水支管的总长度）已达到约 63.3 万 km。由于多年的维护并持续使用，其中许多已超过其使用寿命并正在老化。此外，作为一个地震多发的国家，管道抗震能力的提升也很迫切，但进展并不大。要解决这些问题，就需要对管道进行积极的投资，比如给水管道指南中规定的日本全国管道修复率为每年 1% 左右，全部修复时间大约需要 100 年。以这种修复速度，必须继续使用老化的管道（图 1–1、图 1–2）。

随着管道老化，发生漏水、水质恶化、爆炸等事故的风险增加。在这种情况下，为了实现可持续、稳定的优质安全用水供应，需要进行彻底的日常管道管理和预防性维护工作。

给水管道 CCTV 调查是一种可以在不中断供水的情况下直接目视给水管道内部进行无损调查的技术方法，是一种可实现有效的管道管理、正确的施工管理，并广泛用于制定管道修复计划的工具。

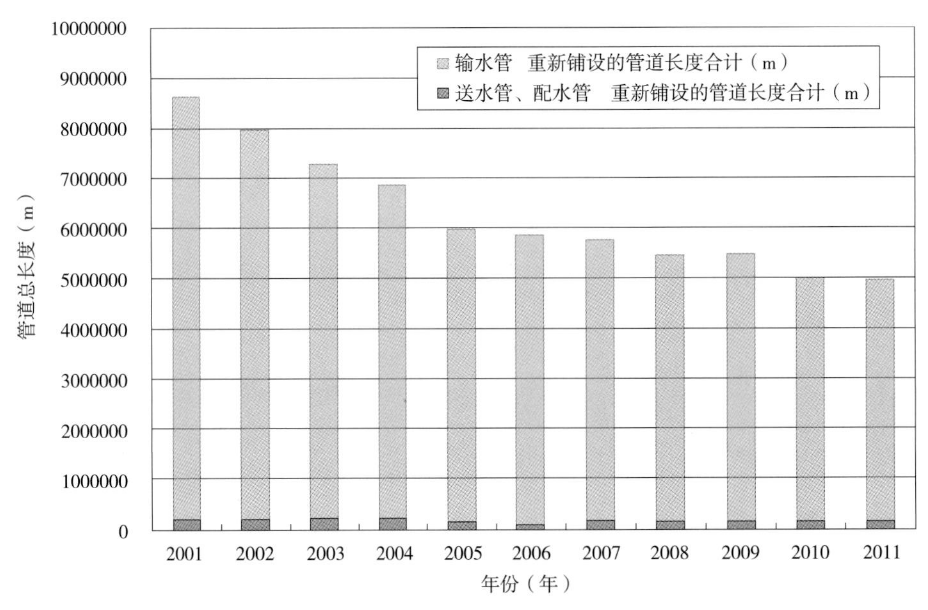

图 1-1 重新铺设管道总长度的年度变化趋势（日本全国、给水 + 用供）

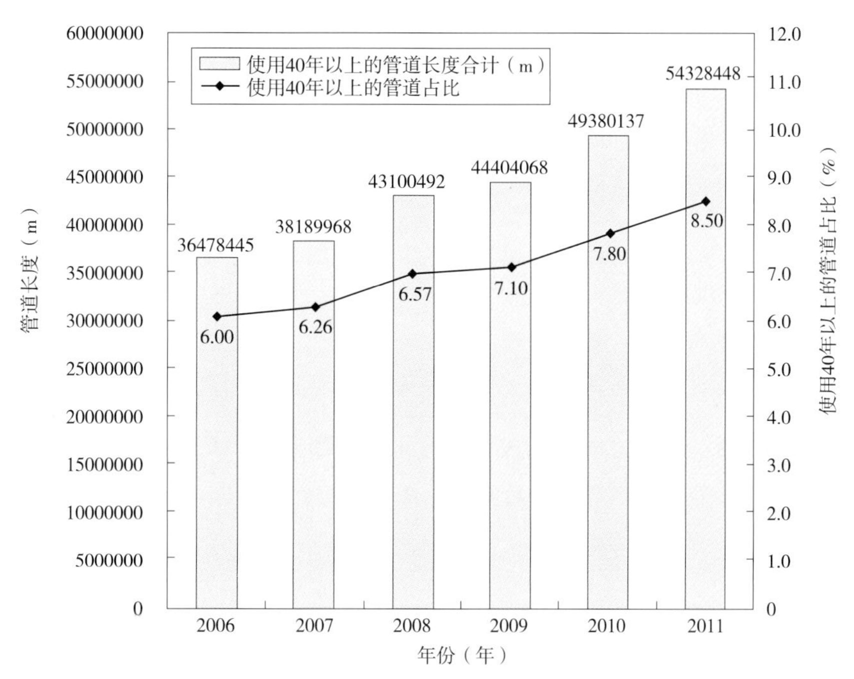

图 1-2 使用 40 年以上管道占比的年度变化趋势（日本全国、给水 + 用供）
[来源：（公财）日本水研究中心]

2. 给水管道的管理

管道的功能和强度会因材质、敷设条件、水质、使用年限等条件发生变化。使用年限指标是一个易于解释和使用的指标，但由于管道的不同，老化状态也不同，因此需要根据管道的实际情况进行判断。因此，需要定期或随时进行管道诊断，并根据未来的预测采取适当的措施。

在管内诊断中，除了准确掌握管道状况的调查外，事故发生后的原因调查对于预防性维护也是必不可少的。管道是占水资产约三分之二的主要设施，需要通过资产管理的方式对其进行妥善管理。

（1）管道信息管理

管道信息包括管道台账和管线图，有记录在纸上的，也有转换成 IT 数据记录在计算机上的。无论采用哪种记录方式，重要的是要防止记录的错误和遗漏，同时要注意管道信息本身的更新管理。通过给水管道 CCTV 调查获得的结果必须每次都对旧信息进行更新。

1）管道台账

管道台账有历史维修记录、事故记录等，还有管道起止点、管型、管径、埋深、铺设年份、路面断面等施工记录。通过给水管道 CCTV 调查获得的信息将作为新信息添加。

2）管线图

管线图详细描述了整条管道的位置、弯管等不规则管道的位置以及控水阀、消火栓、气阀等附件的位置。它在实际应用中非常有效，可以通过它了解整个管道。除了调查的目的外，给水管道 CCTV 调查还揭示了水控制阀和弯管的位置，这对于添加或校正管线图很有用。

（2）管道内部状况的管理

对管道内自来水的监测，有常设管理仪连续监测、定期巡查监测、不定期巡查等日常管理。这些措施都没有起到直接监测管道内部状况的作用，即使检测到异常，也只是间接地估计管道内部状况。在此之前，掌握管道内部状况的唯一方法是通过开挖、切割管道来观察管内，随着给水管道 CCTV 调查技术的出现，可以在不中断供水的情况下进行直接视觉调查。

给水管道 CCTV 调查（图 1-3）是将 CCTV 设备插入供水中的管道，无需切断水流，如果被检测地点附近有消火栓或气阀，检测也无需其他特殊措施。因此，调查成本相对较低。如果不使用管道 CCTV 调查来直接观察管道内部，则需要挖出一部分管道并切割收集样品材料，这需要进行供水限制工作和管道切割工作。如果停水时间长，可能需要使用临时管道来保证供水，因此调查成本通常很高。在管内调查的情况下，无论是采用管道 CCTV 调查还是采样法，都是在根据以往的日常管理所获得的知识缩小范围后来确定调查位置。

1）管道内部状态所导致的异常情况

在由管道内壁引起的供水异常中，最常见的是混入红水和细颗粒物等水质异常。有些原因发生在管道内部，有些原因是从管道外部带入的。

图 1-3 给水管道 CCTV 调查测试观察管道的内部状况再思考未来的对策

①红水等

产生红水的原因是管道内壁的铁被氧化形成锈斑，表面松散的成分和锈斑本身被剥落并与自来水混合。锈斑不仅会造成红水，还会附着在管壁内生长变大而导致管道有效截面的减小，长此以往可能会导致水流能力或水压下降。虽然进行正常的日常管理，也能在一定程度上检测到这种现象的存在和发生的范围，但不能确定锈斑的生长程度。给水管道 CCTV 调查则可以揭示锈斑的位置和锈斑的生长程度。

如果锈斑的规模不大，可以通过大量放水提高管内流速，或在管内运行泡沫树脂清管器冲洗，来暂时减少红水的产生。

此外，少量未经过净水处理去除的锰离子可能会被氧化并附着在管道内壁，然后因水流突然变化而剥落，造成黑水。

②细颗粒的混入

大多数混入管道的细颗粒是沙子和密封涂层碎块。由于沙子具有较高的密度，它通常会从管道底部流下并沉积在管道的下部。密封层是为了保护砂浆内衬表面，防止球墨铸铁管生锈，抑制碱性成分的溶出，但表面膜剥落后的密封层比砂的密度高，常漂浮并沉积在管道中流速低的区域。此外，来自自来水厂的铝化合物和来自配水池的防水混凝土接缝的碎屑也可能积聚。当管内流速突然变化时，这些沉积物可能会在管内卷起并混入供水管中。虽然通过日常管理可以检测到细颗粒混入的情况，但很难知道沉积的具体情况。给水管道 CCTV 调查则可以揭示沉积物的类型、沉积物的位置和沉积物的程度（图 1-4）。

如果排放大量水可以增加管道中的流速，或者如果在管道中运行由泡沫树脂制成的清管器以去除沉积物，则可以暂时去除细颗粒成分。

图 1-4 厚生劳动省水务课课长石飞博之“如何将给水管道 CCTV 调查用于提高保护意识？”

（来源：2012 年日本水务研究报告会，松江市）

2）管道内异物引起的异常

管道中的异物可能导致水压异常下降或水量控制阀无法关闭的事故。有多种类型的异物和污染的原因。

①水压异常下降

造成管内水压突然下降的原因，往往是管内存在比较大的异物，如锈块。如果异物停留在大口径部位，不会影响水压，但如果流入小口径管道，则可能会堵塞管道横截面，导致水压突然下降或出水能力变差。给水管道 CCTV 调查可以揭示异物的类型和大小及其位置。在这种情况下，必须通过切割含有异物的管道的一部分来去除异物。

②闸阀不能打开或关闭

如果管道中有石子，不会影响水压，但如果在流动过程中进入闸阀的凹槽或卡在蝶阀中，则阀门可能无法关闭。可通过管道 CCTV 调查来检测无法关闭的控水阀情况并查找原因。在这种情况下，可以切断包括控水阀在内的管道的一部分以去除异物或更换控水阀。

3．给水管道的老化

日本《地方公营企业法》规定，给水管道铸铁管的使用寿命为 40 年。这是会计制度的使用年限，不代表 40 年后就一律不能使用了。随着管道开始投入使用，它开始从内部和外部老化。随着管道的老化，会产生红水频发，水压下降，漏水增多，破裂事故频发等情况。可以说出现这种情况的时间就是服务期已满的时间，但从自来水供应的初衷来看，还是要在管道老化、出现异常之前进行更新换代。管道老化程度必须结合管道内外老化情况来判断。

（1）管道外部老化

从外部老化取决于管道的铺设条件。钢管、铸铁管等金属管道，如果外表面防腐涂层变质，就会从管道的外表面开始腐蚀。如果地面条件是腐蚀性土壤，腐蚀速率会很高。如果管道的一部分即使是较短的一段且周围是腐蚀性土壤的话，该部分的腐蚀速率也会局部增加。如果造成腐蚀，管体就会开始漏水，如果超过限度，就会发生破裂事故。如果通过日常管理或给水管道 CCTV 调查发现管道内壁健康，则无法发现管道外表面异常。即使因为管道内壁完好而判断管道完好，但如果管道外表面腐蚀进一步加剧，侵入管道的有效管厚，则漏水会突然增加且会发生管道破裂事故。将来，如果在管道 CCTV 调查中增加管厚测量功能和估计管外表面状态的功能，就可以同时检查管道内壁和外表面的状态。

为了确认管道外表面的劣化，可以通过去除管道外表面的泥土和沙子，目视检查埋地管道一部分的状况。在这种情况下，不需要断水。在调查剩余管道厚度时，需要单独的管道厚度测量仪。到目前为止，我们还没有使用管道 CCTV 来检测管道外表面的老化情况。

（2）管道内部老化

管道内壁的老化包括砂浆内衬的劣化和内壁涂层的劣化。通常，老化程度往往通过管道内产生的锈斑的规模来判断。锈斑的生长速度受自来水水质 pH、二氧化碳浓度、余氯浓度、钙硬度等影响。例如，自来水的 pH 越低，锈斑的生长速度就越快。由于旧铸铁管的内壁无涂层或浅涂层，在水流过管子内壁后立即开始铁氧化，在管子的整个内壁产生锈斑。目前供应的铸铁直管内壁为砂浆内衬或环氧树脂粉末涂层，不易产生锈斑，但小口径异形管内壁在环氧树脂粉末涂层被开发出来之前，仍为无涂层或浅涂层。因此，即使在管道台账上记录为内衬管线，也可能在异形管部的整个内壁上产生锈斑。即使是用砂浆内衬的直管，插入口的末端和接收口的背面仍然是浅涂层，因此在管道的接头处很可能出现锈斑。此外，如果在施工中用于尺寸调整的切割管的端面或安装分流水龙头的穿孔部分的铁部分暴露出来，除非进行一些处理，否则会出现锈斑。如果这种位置的锈斑在内衬或涂料内部扩散，就会破坏内衬或涂料的防腐功能，加速锈斑的生长。管体的腐蚀由于锈斑的生长而加剧，当锈斑贯穿管体时，管体开始漏水。小直径管道的情况是，在腐蚀发展到影响管道强度的程度之前，排水不良和产生红水是常见的现象。给水管道 CCTV 调查可直接观察管道内部情况，直接探明锈斑的位置和锈斑生长的程度。管道外表面接触的土壤环境条件复杂，但由于管道内壁环境仅为自来水，因此在某一特定位置的环境条件与附近的环境条件并没有太大差别，另外，如果管道采用几乎相同的管材作为一个工程施工，则认为管道任何部分的老化程度和整个管道的老化程度没有太大差异，进行整个管道的彻底调查是没有必要的。但是，如果有需要特别注意的例如存在电解腐蚀风险的管段、河流和轨道的交叉点、死水的死角管道等，则需要认真探讨需检测的对象。

管道 CCTV 调查的观察距离有限，但可以通过检测管道中典型位置的消火栓和闸阀等附件附近的管段来比较管道的老化程度，有效地发挥作用。如果管道内壁的锈斑长到导致出水不良的程度，则很难将摄像机插入管道。从良好的管道管理的角度来看，在管道老化成这种程度之前，有必要通过检测对管道中的情况进行把握。发生红水、漏水、破裂等事故时，记入管道台账，在日常管理中推测老化程度，对整个管线按年份、管型、事故发生频率等进行整理并开展给水管道 CCTV 调查与培训（图 1-5）等措施是必要的。

图 1-5 派遣讲师到日本水协地方支部研讨会

4. 给水管道的修复业务

一方面，日本的供水系统自 20 世纪 50 ~ 60 年代以来得到了迅速的改善，到今天大量 40 年以上的管道仍在被使用。由于使用年限因管道的铺设条件和管内水质的不同而不同，尽管有还没有等到会计制度的 40 年使用年限就无法使用的情况，但大多数的管道超过了 40 年的年限仍然可以使用。但是，由于使用时长增长会导致造成严重事故的可能性逐渐增加，因此必须优先对它们进行修复。另一方面，根据在阪神淡路大地震和东日本大地震中抗震管道非常有效的经验，需要用抗震管道替换现有管道。尽管出于这两个原因，迫切需要在日本全国范围内修复供水服务管道，但实际实施却并没有像公众预期的那样进展。

（1）管道更换业务的技术问题

无论是更换旧管道还是将管道更换为抗震管道，都必须确保对实际供水的用户的供水。除非在铺设管道的道路横断面留有余量，并且可以在现有管道使用时铺设管道以进行更换，当必须在同一位置拆除和更换现有管道时，需要增设临时管道。此外，在更换配水干管时，需要附近的配水区和其他配水干管的支持，很多情况下不仅需要临时管道，有时可能还需要旁通管和临时泵站。此外，道路管理者通常还会指示拆除现有管道。由于管道更换项目涉及临时设施的安装和现有管道的拆除，因此比新建管道更为复杂和昂贵。此外，如果在轨道下或跨河等难以更换的地方，使用寿命有余量，也会考虑修复方法。

1）旧管道修复计划

即使在管道老化加剧、事故频发之前就决定进行管道修复，但由于管道修复需要大量预算，因此有可能无法一次修复较长的管道，需要将整一年度的修复量分散、平均地进行调整。此外，由于现有管道包括已经出现老化迹象的管道和目前被认为处于健康状态的管道，因此必须制定长期修复计划并建立长期预算管理措施。在管道修复计划中，将对管道进行分组，并确定施工的时间和顺序，不仅要考虑到老化程度，还要考虑到预期事故的规模、事故发生时的供水户数等影响范围。图 1-6 为给水管道铺设以及管理计划流程方案。

为了制定管道修复计划，必须在管道沿线具有代表性的地点进行实况调查，此时可以有效地使用管道 CCTV 调查。对管道进行 CCTV 调查，不仅是那些有老化迹象的管道，还有那些看起来状况良好的管道，将为今后可能进行的管道调查提供资料。一般来说，不会对所有管道的实际状况进行调查，但对有代表性的管道进行调查的结果被用来对管道进行分组，并确定管道修复的优先次序。由于实际管道的老化程度各有不同，在决定开始修复工程之前，应对有关管道进行管内勘察，再次检查施工顺序是否合适，在某些情况下，可以改变施工顺序，以便有效利用有限的预算。

2）升级为抗震管道的更换计划

根据厚生劳动省（MHLW）的数据，被称为“主干管”的给水管道，在日本全国的平均抗震达标率只有 33.5%（截至 2012 年年底）。管道的抗震升级涉及巨大的成本，与旧管道的更换一样，应制定并实施长期的更换计划（图 1-6）。

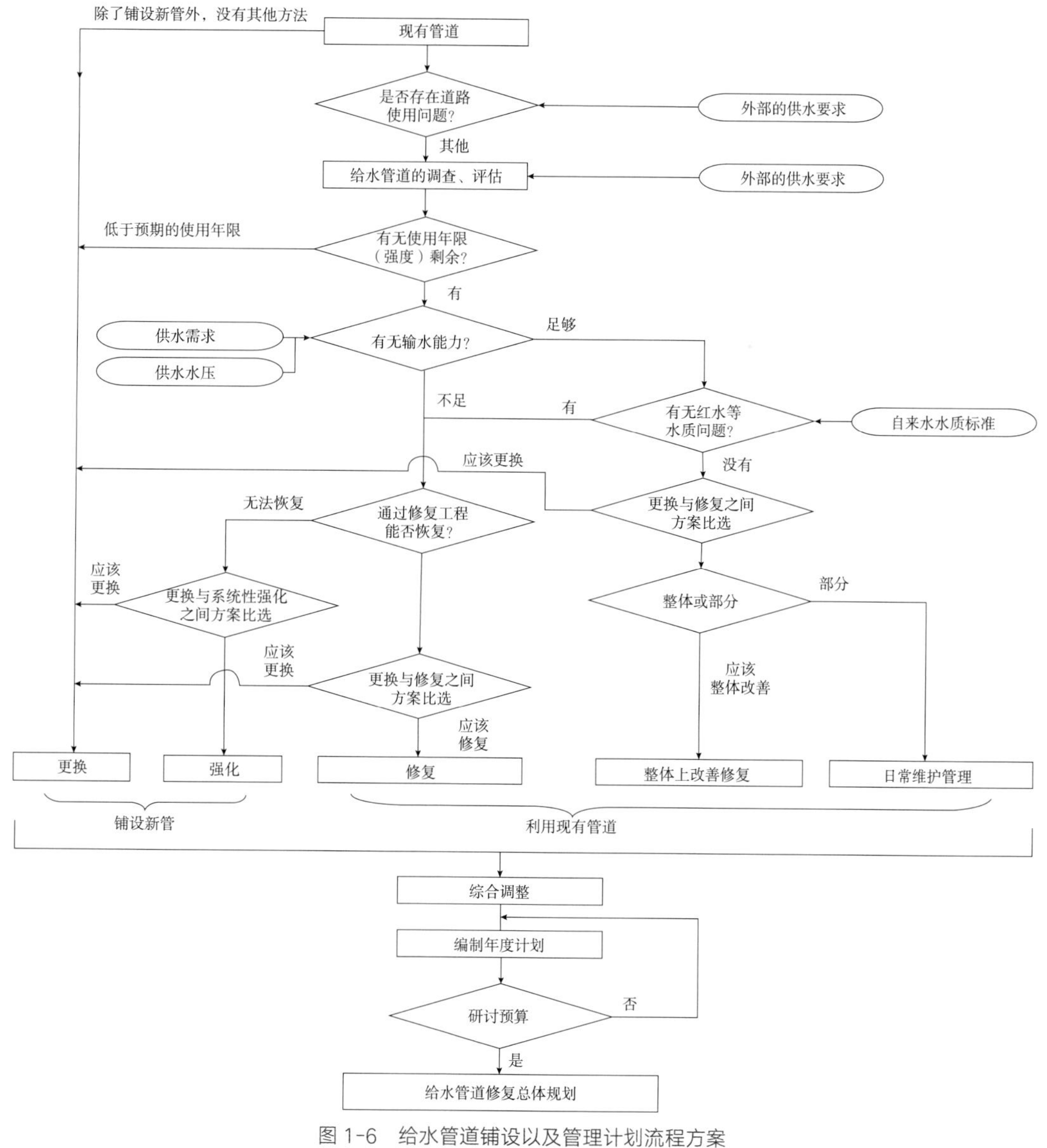

图 1-6 给水管道铺设以及管理计划流程方案
（来源：小林康彦，日本水道技术研究中心）

在修复计划中，将首先对重要管道进行抗震升级，在施工顺序中优先考虑指定的疏散中心、学校和医院。在所有的管道都实现抗震之前，会有抗震和非抗震的混合管道，所以抗震管道的效果会受到阻碍，除非在非抗震管道和连接处的边界安装隔断阀等。当铺设新管道以取代旧管道时，是提高管道抗震性的机会。尽管管道材料的单位成本在抗震和非抗震管道之间似乎有所不同，但如果考虑到整体建设成本，包括土建和铺装成本，管道抗震对建设成本增加的影响极小。

（2）管道修复项目中的财政问题

人们认为管道修复项目停滞不前，没有取得预期的进展，是由给水产业所处的财务困境造成的。很少有实体能够完全用自己的资金为其投融资，许多实体不得不通过发行债券来筹集资金。如果发行债券，就会产生本金偿还和利息支付，这使得给水财政受到影响。此外，投资的资产需要折旧，这也给给水财政带来了压力。由于这些原因，政府出于财政原因试图抑制投资是可以理解的，但为了在可持续的基础上提供稳定的安全和有保障的自来水供应，政府有责任长期继续进行管道修复项目，并为未来必须花费的投资做好准备，例如，在监测财政状况的同时预留资金。

5. 在工程施工中进行管道 CCTV 调查

由于管道内 CCTV 调查允许用户直接看到管道内的情况，因此这一功能可用于新建和维修工程的施工。

（1）在新建工程中使用

对于大口径管道，人们可以在管道施工期间进入管道检查管道内部，但对于中小口径管道，人们不可能检查管道内部。管道 CCTV 调查可以提供管道内情况的可视性，即便是小口径的管道。该功能允许用户检查接头的状态、周长间距、焊接和焊缝的涂装，以及管道中残留的异物和混合沉积物的存在。

（2）在维修工程中使用

当有红水或微粒成分时，有时会使用排水冲洗和特殊冲洗方法。要知道清洗后的效果，唯一的办法是能够通过从消火栓或给水栓中采集水样来检查。使用管内 CCTV 调查，用户可以检查管道的状况，如施工前后的锈蚀凸起以及细小部件的堆积，从而检查施工的效果。

第 2 章　给水管道 CCTV 调查

1. 给水管道的实际情况是什么？

日本的现代供水管网已经有超过 125 年的历史。供水管网经过长时间的发展，现在处于新旧管道混合的时期。此外，由于它们在连续状态下运行，一个部分的功能障碍可能会损害整体功能。在旧管道内，经过多年的使用，水垢和铁锈的形成是不可避免的，就像人体血管中的胆固醇一样。然而，由于大部分管道都埋在地下，除非为了安全或稳定供水的迫切需要，否则不敢挖出并切割来直接检查管道内部。其原因被认为是断水的社会影响，对断水后出现红水的担忧，以及施工成本和对道路交通的影响。

为了确保水处理厂生产的水在使用过程中不发生泄漏或变质，供水公司每天都会进行系统的泄漏调查，并定期或不定期地进行管道清洗作业，以确保管线末端的余氯浓度，消除管道中的异物。在必要的情况下，也会进行内部表面修复和改造工程以及更换新管道的工程。

随着高增长时期埋设的管道不断老化，需要实施预防性维护管理，充分利用管道数据和对管道的调查，以便可持续地保持管道的良好状态。

2. 给水管道 CCTV 调查

最好能够在不中断供水的情况下进行快速、经济和有效的管道检测，以检查管道系统的状况，检查管道清洗的效果，确定修复管道的优先次序，调查阀门故障的原因。这是由管道 CCTV 调查实现的。摄像机可以在不断水情况下观察管道内部，并记录图像数据，实时提供公正和准确的决策材料。图像数据可以揭示管道内不为人知的具体状况和故障问题的原因，这可以用来以更有说服力的方式对政府和居民进行启发和解释。预计在未来，管道 CCTV 调查将以各种方式被使用和发展，成为水行业的一个经济和可靠的新工具。

3. 给水管道 CCTV 调查实例

（1）现有管道的功能诊断和评估（确定修复时间和修复顺序）

根据以下 1）至 4）进行功能诊断和评估，并用于制订修复计划等。

1）直管的内壁状况调查

评估输水、供水和配水管道的当前功能和老化状况（内壁腐蚀程度、内壁涂层的劣化程度、砂浆内衬的劣化程度）。

2）异形管段的状况调查

观察异形管段中因锈蚀等造成的堵塞程度，并利用调查结果考虑特殊的管道清洗方法（参见第 4.1 节）。

3）调查分流阀部分的状况

检查阀门的开启和关闭功能以及对红色和浑浊水的腐蚀效果。

4）对消火栓 T 形管垂直管段的状况进行调查

消火栓正下方的区域也容易积聚空气，所以腐蚀和变质的情况比较普遍。特别是，有必要检查接近被堵塞时的情况，以防止在发生火灾时损失宝贵的生命财产，因为它可能阻碍消防活动。

（2）对构筑健全的管道提供支持

1）采取有效措施去除管道中浊度的计划

①调查管道中异物的类型（沙子、铁锈、涂层碎片等）及其发生的原因。

②调查探讨高效和有效的清除方法。

2）支持对水质恶化的预防性维护措施（如消石灰注入）的研究

为改善水质来确保管线末端余氯的管道中的抑制因子（如铁锈、沉积物、悬浮物等）的识别与对策的研究提供支持。

3）管道修复方法的探讨

①在管道修复前评估内部条件。

②调查修复前后的核查。

4）在排水冲洗管道的冲洗前和冲洗后进行核查

许多城市通常会进行排水冲洗管道，其效果和验证可以通过冲洗前后的CCTV调查来确认。

（3）针对灾害、环境等的风险管理和维护

1）接头的缺失尺寸的测量调查

确定因大地震、土地沉降等造成的管道损失和管束间隔，以便用于未来的风险管理。

2）对难以维护的部分进行内壁调查

河道交叉口、水桥和轨道下的管道作业很难勘察和建造，所以日常管理很重要。

3）应急响应

识别和应对突然出现的出水短缺和混入管道的阻塞物。

（4）施工后的检查

新管道安装后，检查管道情况或洗管作业的效果。

4. 管内调查可以发现什么问题以及如何处理

（1）锈蚀情况

1）管道两端的锈蚀

例如，如果现场维修不充分，可在切割的管道末端观察到锈迹。应对措施包括在进度监测下采取定期排水冲洗或特殊冲洗方法。

2）在鞍形分流龙头穿孔处的锈蚀

在鞍形分流龙头穿孔处，穿孔的部位或许存在没有去除的切割碎屑所导致的锈蚀。作为一种对策，在打孔过程中，一边钻孔一边把切屑排出管外是很重要的，但在初始阶段，还可以使用排水冲洗管道。固化的切屑可以用特殊的冲刷方法去除。

3）老化的异形管、阀门的锈蚀

由于管道内壁没有涂层导致内壁腐蚀或涂层变质而引起锈蚀。应对措施包括除锈斑、修复和更换。

4）垂直管段（如消火栓）的锈斑堵塞

垂直管段是可以发现到空气积聚的地方，被认为容易受到氧化和加速腐蚀的影响。这是一个在灭火过程中保证水量的重要区域。应对措施包括不断水的锈斑清除或修复方法。

在现场维修不充分的情况下，被切割的管道端部能发现锈蚀的情况。应对措施包括在进度监测下的定期排水冲洗或特殊冲洗方法。

5）钢管焊接处的锈蚀产生

消除焊接处的锈斑的措施包括在早期阶段采用特殊的管道清洗方法，如果锈斑已经变硬，则要进行修复和更换。

（2）内壁附着物、内壁脱落

铁锈碎片、锰、涂层碎片等可能会在管道的内壁发生粘连，并可能由于管道内流速的变化而流出来。在老化管道中会发现，通常是与原水和腐蚀等因素有关。应对措施包括排水冲洗和特殊冲洗方法。此外，铸铁管和钢管的内壁涂层可能会因老化而脱落。应对措施包括排水冲洗、特殊冲洗方法、消石灰注入、修复和更换。

（3）沉积物

在连接环和滞流区可能会发现异物的沉积。应对措施包括排水冲洗和特殊冲洗方法。

（4）悬浮物

悬浮在水管中的物质通常附着在管壁的表层或悬浮在管底的上层沉积物中。悬浮物悬浮在管道中，这些固体由于流速的变化而被卷起并离开管道。此外，水质的变化可能导致管道中的涂层脱离和流出。

悬浮物包括铁、锰、铝、沙和涂层碎片。应对措施包括确定发生的原因和地点，并根据情况实施排水冲洗和特殊冲洗方法。

（5）为测绘和管路图的修订收集数据

检查闸阀、异形管等的位置和内壁状况，并输入和修改管路图和检测记录，作为测绘系统的信息。

（6）应急储水箱的定期检查

可以检查水箱中的余氯滞留物、沉积物、悬浮物、附着物和消火栓下的异物，以便随时将水作为饮用水使用。

5. 其他管内调查

（1）测定管道中的沉积物量

用于测定管道内沉积物量的方法是，用管道 CCTV 调查从管道顶部拍摄，测量管壁两端的角度，计算从沉积物中心位置到管道底部的高度，并测量沉积物的总距离，得出一个总的沉积量。

（2）DS 测量仪检测

通过将摄影头调整到管道中的测量对象上并拉动电缆，一个矩阵被投射到测量对象上，通过实际图像与矩阵的正方形和方形尺寸相乘，可以测量出高度（H）和宽度（W）。

DS 测量仪（图 2-1）是一种用于测量插入距离和异物等物体尺寸（宽 × 高）的仪器。

（3）从地面消火栓进行 CCTV 调查

在消火栓的地面以下可以安装一个适配器，可以将摄像设备连接到地面上进行检测。

（4）了解鞍形分流龙头穿孔部位的堵塞状况

可以通过安装摄像机头盖，捕捉管道顶部图像，了解鞍形分流水龙头穿孔口的堵塞情况。

（5）通过时间序列评估冲洗效果和管道内流向变化

排水冲洗管道前后的定点检测可以用来验证冲洗效果，并在时间序列中捕捉到流向。

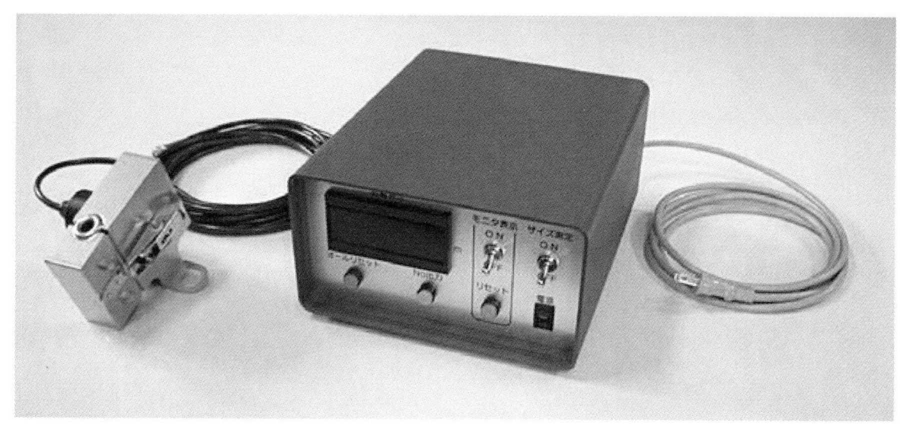

图 2-1 DS 测量仪

第 3 章 调查计划制定

1. 调查目的

对管道内壁进行直接诊断的 CCTV 调查的目的包括：

①对管道状况的调查（一般调查）。

②根据管道内壁的状况、特定区域的状况等决定管道的清洗、修复等基本数据的获取（重点调查）。

③竣工及作业前后的调查（竣工调查）。

需要根据调查目的，来制定相应的调查计划。

与日常维护工作有关的问题，如产生浑浊的水或错误的阀门操作，以事后对策的方式进行调查（一般调查）；预防性维护工作的调查，如修复破旧的配水池和管道，对有接头问题的管道进行抗震改造，或有计划地清洁配水池和管道内壁（重点调查）；检查和确认各种建设工程和任务已经可靠地进行了（竣工调查），以调整计划的制定方法。重点调查还包括地震和海啸等灾害后对管道行为的调查。

2. 制定计划时应注意的事项

在制定计划时，应考虑到以下问题。

（1）共同事项

1）设定调查目标。

2）了解调查项目。

3）设定实施调查的主体、实施的地点、时间和预算。

4）设定调查报告的样式。

调查目标和调查项目包括以下内容（表 3-1）。

给水管道 CCTV 调查摘要 表 3–1

目的			得分					
Ⅰ一般调查			整体	调查计划	现场调查	解析	对应	备注
Ⅱ重点调查								
	21 内壁状态							
		211 锈瘤						
		212 砂浆						
		213 内衬、涂层						
		214 沉积物						
		215 过水断面积						
	22 特定部位的状态							
		221 漏水、破损、裂缝						
		222 接口部						
		223 分支部						
	23 水质、水动力							
		231 观察悬浮物						
		232 水动力特征（水流）						
	24 测定剩余有效壁厚							
Ⅲ竣工调查								
	31 竣工检查							
	32 确认清洗情况							
	33 确认新涂层情况							

在进行调查时，必须整理好调查项目，因为有些调查是主要目标的附属项目。在计划调查时，准备一份调查表是很有用的，其中可以包括：①委托者信息；②管道信息；③现场信息；④所用设备的信息，见表 3–2 ~ 表 3–4。

实施调查的主体可以自己进行调查，也可以委托业务涵盖对调查结果进行评估的专业公司进行调查。调查报告表是反映调查结果是否完成调查目标的一个重要资料。在某些情况下，报告需要有管道内的影像资料，目前，受委托的公司以各自的格式编写报告并提交给委托方。报告书的样例参见下篇“附 B 参考资料”一节。

（2）一般事项

1）摄像机使用条件的确认

①如果专门用于给水管道，它们应对水质是卫生和安全的，并应能在不损害管道内壁的情况下插入。

②通过拍摄不断水时的管道内部和配水池，可以确定管道内部和配水池的状态。

③必须要确保有可以容纳不断水时插入的一定口径以上的摄像机调查用插入口。

④设备要适合调查孔径大小、调查长度、调查方向和水压阻力。

2）从事调查的技术人员的配置条件的确认

①能够指派经过培训或学习过所使用的摄像机的技术人员。

②是否有能够操作插入摄像机用的栓阀类设备的技术人员。

3）施工计划书的编制

在施工前，受托方应编制一份施工计划，说明工作方法、使用的设备、工艺等委托方要求的事项，并获得其批准。

要调查的管道中的水除了居民自来水，还包括工业用水和农业用水。其中，如果是居民自来水专用的摄像机，由于保护水质的原因，在插入管道前需要对摄像机和电缆进行消毒。此外，还需要一个摄像系统，在管道中移动时不会损坏管道内壁的涂层。在对配水池内部进行调查时也是如此。

为了在水下拍摄管道和配水池的内部情况，必须有一个监视器，可以通过视频影像确定管道和配水池的状况，并记录影像。在应用摄像机时，未来有必要考虑除了拍摄管道和配水池内部外，还可以拍摄开放的水路（如水渠）的可能性。

为了不断水时看到管道内部，需要一个带有直径 75mm 或更大的维修阀的插入口。维修阀必须是球阀或分流阀。通常情况下，可以使用现有的消火栓或直径为 75mm 以上的空气阀，但如果没有合适的栓阀或维修阀，就有必要在不断水时安装一个插入口。

有些摄像机在它们能够调查的口径、长度、方向和水压方面有限制。为此，应事先检查订单要求，并使用适合该条件的摄像机。特别是，由于在不规则形状的管道（弯曲的管道、T 字形管道、接头）和阀门位置容易出现台阶和电缆扭曲的情况，调查的长度和方向可能受到限制。根据目标管道的管线图来规划摄像机的插入位置和调查方向是很重要的。

在一些管道中，异物可能随着摄像机的移动而流下，并影响到用户。这可能需要在使用量少的时段进行调查，或者使用一种不会沿着管道底部爬行的摄像机。此外，用于插入的消火栓和空气阀的垂直管段部分往往布满了锈斑。有必要在插入摄像机前去除锈斑。

摄像机的插入涉及现有消火栓和空气阀的拆除和安装，以及维修阀的打开和关闭，因此委托方可能要求安排能够操作闸阀类设备的技术人员。如果所有这些都要交由委托方负责，必须事先征得同意。如果需要更换闸阀的填料和螺栓，必须提前准备材料。此外，应检查现场以确保有工作空间，如有必要，应遵循道路使用、挖掘工作和脚手架工作的程序（图 3-1）。

调查工作需要安排对摄像机性能和操作有一定了解和经验的技术人员。出于这个原因，有必要指派接受过摄像机培训或课程的人员来进行安装。目前，日本给水管道管内 CCTV 调查协会通过认证摄像设备和开展技术培训课程（图 3-2）并颁发结业证书（图 3-3），保证了客户所需技术人员的储备。

图 3-1 路面上管道 CCTV 调查实景

图 3-2 摄像机操作培训

管道CCTV培训课程结业证书

NO. KK-0000

姓　　名　× × ×

出生年月日　× × × ×/× ×/× ×

公 司 名　管道CCTV公司

公司地址　× × 市 × × 区

照片

给水管道CCTV调查协会

日本给水管道管内CCTV调查协会

型　号	认证号	产 品 名 称	结业、更新日
不断水水中	第4号	不断水CCTV NH-40	2020/1/1

※结业、更新日之后3年间有效

（正面）　　（背面）

图 3-3 结业证书副本 给水管道 CCTV 调查培训课程结业证书

在施工之前，承包商必须准备一份施工计划并获得批准，该计划描述了上述项目，以及工艺、健康和安全管理系统、现场组织和客户指示的任何其他项目。这也适用于报告的格式和结构，包括视频记录以及工作情况照片的准备。如果施工计划表能反映出如表 3-2~ 表 3-6 所示的调查表格的内容，是很有帮助的。

给水管道 CCTV 调查表 示例 1

表 3-2

管道 CCTV 现场调查清单
年　月　日

业务名称		记录人员		管线图、地图
地址		管道类型		
调查目的		管径		
委托者		铺设年份		
办公室		流速		
悬浮物	有	目视情况（怎样的形态）		
	无			

插入距离	距离（m）	位置		状况	插入距离	距离（m）	位置		状况
1 上游 下游		①直管	②接口		2 上游 下游		①直管	②接口	
		③异形管	④				③异形管	④	
		①直管	②接口				①直管	②接口	
		③异形管	④				③异形管	④	
		①直管	②接口				①直管	②接口	
		③异形管	④				③异形管	④	
		①直管	②接口				①直管	②接口	
		③异形管	④				③异形管	④	
		①直管	②接口				①直管	②接口	
		③异形管	④				③异形管	④	
		①直管	②接口				①直管	②接口	
		③异形管	④				③异形管	④	
		①直管	②接口				①直管	②接口	
		③异形管	④				③异形管	④	
		①直管	②接口				①直管	②接口	
		③异形管	④				③异形管	④	
		①直管	②接口				①直管	②接口	
		③异形管	④				③异形管	④	

关于调查点的想法等

给水管道 CCTV 调查表 示例 2 表 3-3

<table>
<tr><td colspan="2">调查内容</td><td colspan="2" rowspan="2">□给水管道 CCTV 调查 □流量计
□摄像机流量并用 □其他（ ）</td><td>受理日期</td><td></td></tr>
<tr><td>编号</td><td></td><td>受理人</td><td></td></tr>
<tr><td rowspan="5">委托人信息</td><td>公司 / 政府部门</td><td></td><td rowspan="3">调查地点</td><td colspan="2"></td></tr>
<tr><td>地址</td><td></td><td colspan="2"></td></tr>
<tr><td>部门 / 负责人</td><td></td><td colspan="2"></td></tr>
<tr><td>电话 / 传真</td><td></td><td rowspan="2">调查的目的</td><td colspan="2" rowspan="2"></td></tr>
<tr><td>负责人手机</td><td></td></tr>
<tr><td rowspan="3">预算提交信息</td><td>截止日期</td><td></td><td rowspan="3">到现场的距离
通勤费用
火车巴士交通费用</td><td colspan="2">单程 km</td></tr>
<tr><td>如何提交</td><td>□ FAX □邮寄 □现场提交</td><td colspan="2">单程 元</td></tr>
<tr><td>提交对象</td><td>□委托者 □其他</td><td colspan="2">单程 元</td></tr>
<tr><td rowspan="28">管道 CCTV 调查</td><td rowspan="2">调查地点个数</td><td colspan="4">□ 1 个地点 □ 2 个地点 □ 3 个地点 □ 4 个地点 □ 5 个地点 □（ ）个地点</td></tr>
<tr><td colspan="4">□（ ）日 铺设年份、管道直径、管道类型、内壁（ ）</td></tr>
<tr><td>使用的摄像机和调查长度</td><td colspan="4">□ NH40 □ NBB15 □ HS70 □调查长度指定（ ）m+（ ）m
□ NQ15 □ NQ30 □其他 □长距离斜视旋转</td></tr>
<tr><td>初步调查</td><td colspan="4">□无 □本公司调查 □客户调查 □不详</td></tr>
<tr><td>报告书</td><td colspan="4">□ DVD+ 报告书 □仅报告书 □仅 DVD □其他（ ）</td></tr>
<tr><td>插入口</td><td colspan="4">□消火栓 □空气阀 □其他（ ） 维修阀的类型和孔径大小（ ）</td></tr>
<tr><td>消火栓、空气阀拆除和安装</td><td colspan="4">□本公司施工 □客户方施工 □未决定
□主要的承包商或实体提前更换螺栓和螺母</td></tr>
<tr><td rowspan="4">连接格式</td><td colspan="4">□矩形（ × ）mm □圆形（内径 ϕ） □拆除后安装鞍形分支</td></tr>
<tr><td colspan="4">□管道桥 □场所内 □其他（ ）</td></tr>
<tr><td colspan="4">□法兰（ mm× mm， k× k） □机械连接 □鞍形分支（ × ）mm</td></tr>
<tr><td colspan="4">□露天管线 □空管 □其他（ ）</td></tr>
<tr><td>水泵的准备</td><td colspan="4">□自备水泵 □由其他公司提供 □其他（ ）</td></tr>
<tr><td>覆土等</td><td colspan="4">（ ）mm 从维修阀法兰盘顶部到水质分析仪（GL）的尺寸（ ）mm</td></tr>
<tr><td>阀室中的氧气情况</td><td colspan="4">□氧气充足 □需要排风扇 □需要测量氧气浓度 □鼓风机由客户（主委托方）准备</td></tr>
<tr><td rowspan="3">承包的辅助工程</td><td colspan="4">□无 □马鞍形分支工程 □不间断的分水 T 形路口</td></tr>
<tr><td colspan="4">□开挖 □洗管 □脚手架工程</td></tr>
<tr><td colspan="4">□螺栓切割 □其他（ ）</td></tr>
<tr><td>停车位</td><td colspan="4">□调查区域附近有停车位 □设备进场后的移动 □其他（ ）</td></tr>
<tr><td>交通安全用具</td><td colspan="4">□本公司自备 □由其他公司准备 □其他（ ）</td></tr>
<tr><td>招牌</td><td colspan="4">□本公司自备 □由其他公司准备 □其他（ ）</td></tr>
<tr><td>其他</td><td colspan="4"></td></tr>
<tr><td>保安员</td><td colspan="4">□不需要 □需要保安员 □保安员由客户（主委托方）准备</td></tr>
<tr><td>道路许可证</td><td colspan="4">□不需要 □需要申请 □客户（主委托方）申请</td></tr>
</table>

续表

流量计调查	调查地点个数	□ 1 个地点　□ 2 个地点　□ 3 个地点　□ 4 个地点　□ 5 个地点　□（　　）个地点
		□ 24h　□ 48h　□ 72h　□ 96h　□ 120h　□ 1W
	初步调查	□无　□本公司调查　□客户调查　□不详
		□深度测量仪和法兰的借用
	报告书	□ CSV 数据传输　□ CSV+ 图形表打印　□其他
	连接格式	□消火栓箱　□空气阀箱　□开挖
		□管道桥　□场所内　□其他（　　）
		□法兰盘连接　□机械连接　□鞍形分支连接
		□大气压力下　□其他
	覆土等	（　　）mm　从维修阀法兰盘顶部到 GL 的尺寸（　　）mm
	阀室内部情况	□无淹水　□需要泵　□泵由客户（主委托方）准备
		□排水不良　□不明
		□氧气充足　□需要通风　□鼓风机由客户（主委托方）准备
	承包的辅助工程	□无　□马鞍形分支工程　□不断水 T 形分水口
		□开挖　□洗管　□脚手架工程
		□螺栓切割　□其他
	停车位	□调查区域附近有停车位　□设备进场后的移动　□其他（　　）
	交通安全用具	□本公司自备　□由其他公司准备　□其他（　　）
	招牌	□本公司自备　□由其他公司准备　□其他（　　）
	保安员	□不需要　□需要保安员　□保安员由客户（主委托方）准备
	道路许可证	□不需要　□需要申请　□客户（主委托方）申请
处理栏	估价单制作人	备忘录
	估价金额	

不断水给水管道 CCTV 调查现场检查表　　表 3–4

实体名称				
实体负责人				
现场施工	日间施工			
预定的日期和时间	夜间施工			
时间限制	无	有 ⇨	点～	点
如遇雨天	照常施工	延期 ⇨	约	日后

填表日 年月日	
办事处名	
填表人	
	必填项 已知范围

报告书确认项目 **表 3-5**

现场施工的名称				
现场调查目标	检查夹杂物	检查管道状况	锈瘤（管道内壁状况）	
	其他 ⇨			
调查管道类型	铸铁管	钢管	PVC 管	
	其他 ⇨			
调查对象管线	停水	工业用水	其他 ⇨	
调查报告所需提交的资料	DVD	CD-R	报告书	
数据编辑	需要	不需要		
数据编辑时间	约　　min 以内			
提交调查报告的截止日	施工后　　日以内			
氯消毒报告（*1）	需要	不需要		
现	存在（当下）	没有		

注：*1 由于需要在现场进行消毒，因此报告提交将会在之后几日。

现场施工确认项目 **表 3-6**

建筑状态	防水结构	不间断的供水建设		
管道状况	增设（*1）	外露（*2）	管道桥（*2）	其他 ⇨
主管道的公称直径	① Φ　　mm		（*3）② Φ　　mm	
主管类型	带法兰的 T 形管	切割 T 形管	螺旋 T 形管（*4）	
主管道的水压（*5）	约　　MPa			
主管道内的流速	约　　m/s			
主管道覆土	约　　mm			
支管的公称直径	① Φ　　mm		② Φ　　mm	
设备安装地点的数量	地点			
调查方向	上游方向	下游方向	双向	
希望的调查距离（*6）	①约　　m		（*3）②约　　m	
插入口的类型	维修阀（*7）	分割 T 形管	消火栓枪口（*8）	其他 ⇨
施工期间的排水作业	需要	不需要		
排水作业点	下游的消火栓等	从插入设备排出	其他 ⇨	

注：*1 当对埋地管道进行作业时，阀箱的直径必须至少为 600mm（消火栓箱 530mm × 430mm 或更大）。如果在阀座上方有障碍物（L=1800mm 左右），则无法安装。

*2 在对外露管道和管道桥进行作业时可能需要单独的脚手架。

*3 调查一个以上的地点的情况。

*4 对于螺旋式 T 形管，不能确定是由上游或下游为插入方向。另外，摄像机电缆可能有无法进入的情况。

*5 工作水压应为 0.75MPa 或以下。请输入一个低于该值的数值。

*6 摄像机电缆长度为 60m。所需的距离必须小于每边 55m。

*7 拆除消火栓或安装在维修阀门上的空气阀应由各单位进行。

*8 只能在断水情况下从消火栓枪口作业。不能使用插入式设备。

第 4 章　给水管道 CCTV 调查的实施

1. 确认调查条件

调查是基于设计文件的施工计划进行的，但也可能出现无法按计划进行调查的情况。出于这个原因，有必要事先检查现场或获得管线图，以确认调查条件。关于需要调查的项目，请参考本书“第 3 章调查计划制定”中的表 3-2~ 表 3-4。

如果当地条件符合调查计划，就可以开始作业，但如果计划和当地条件有分歧，就需要与委托方讨论是否要改变施工条件或者其他。

2. 工作流程和注意要点

表 4-1 中列出了调查设备型号和性能的比较。

技术认证 CCTV 一览表　　表 4-1

认证号	技术认证第 1 号	技术认证第 2 号	技术认证第 3 号	技术认证第 4 号	技术认证第 5 号	技术认证第 6 号
CCTV 机型	NQ-15	NP-15	大成型管道 CCTV	推杆式 CCTV	Pipescope-500	ROV（EK-W）
厂家名	日本水机调查	日本水机调查	大成机工	日本水机调查	大成机工	荏原工业
电缆长度	15m	15m	60m	40m	100m	200m
电缆直径	Φ8.8mm	Φ8.8mm	Φ8mm、Φ11mm	Φ8mm	Φ8mm	Φ10mm
适用温度	0℃ ~ 40℃	0℃ ~ 40℃	-10℃ ~ 40℃	0℃ ~ 40℃	-10℃ ~ 40℃	0℃ ~ 50℃
摄像头（像素）	25 万	25 万	41 万	30 万	38 万	38 万
耐水压	0.75MPa	0.75MPa	1MPa	1MPa	1MPa	0.5MPa
设备插入口径	Φ50mm 以上	Φ50mm 以上	Φ53mm 以上	Φ70mm 以上	Φ75mm 以上	Φ600mm 以上
记录设备	VHS.8mm.SD 卡	VHS.8mm.SD 卡	DVD（2h）	SD 卡（48h 以上）	HD.DVD（8h）	DVD
允许拍摄口径	Φ50~Φ150mm	Φ50~Φ150mm	Φ75~Φ250mm	Φ75~Φ800mm	Φ500~Φ2000mm	无限制
拍摄方向	直视用开角约 96°	直视用开角约 96°	直视用（正面）	直视用开角约 100°	侧视（接口部等）	360°
搬运所需车辆	轻便客货两用汽车	轻便客货两用汽车	轻便客货两用汽车	轻便客货两用汽车	2t 以上卡车	轻便客货两用汽车
基本规格	不断水使用	不断水使用（阀室内适应）	不断水使用	不断水使用	不断水使用（潜水使用）	断水使用

下面是调查设备（图 4-1 和图 4-2）和工作内容与工程图（表 4-2~ 表 4-4）。

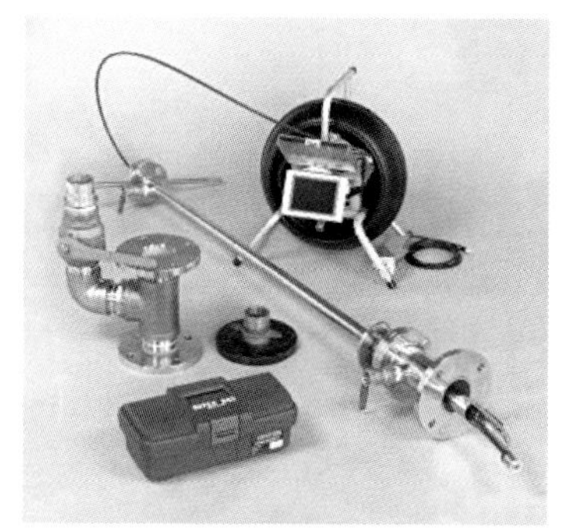

（a）NQ-15
（技术认证第 1 号）

（b）NP-15
（技术认证第 2 号）

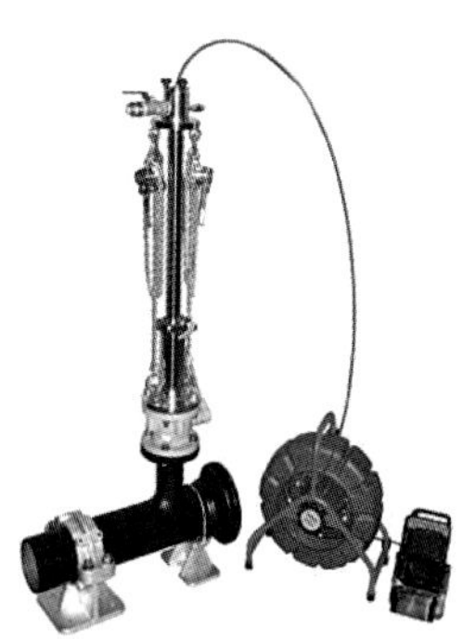

（c）大成型管道 CCTV
（技术认证第 3 号）

图 4-1 调查设备

（1）适用管径 Φ75~Φ800mm

适用管径 Φ75~Φ800mm 的检测设备 NQ-15，NP-15，大成型管道 CCTV、推杆式 CCTV 工作内容与工程图 表 4-2

工作内容	工程图
①关闭待检测管道插入点的检修阀，拆除已安装的空气阀或消火栓等	拆除
②安装拆除了事先完成消毒处理的设备的检修阀。消毒时，使用规定浓度的次氯酸钠	安装

续表

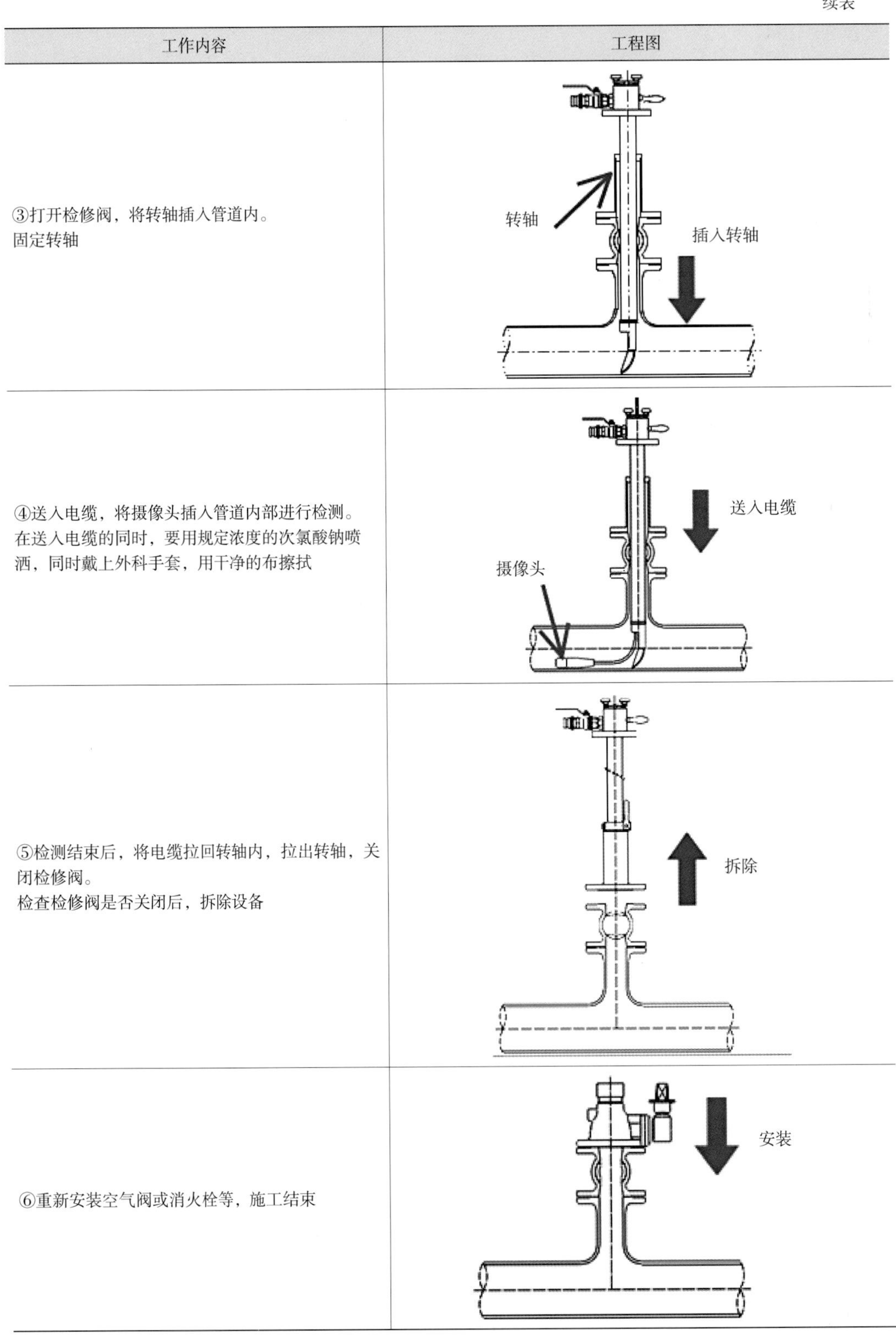

工作内容	工程图
③打开检修阀，将转轴插入管道内。 固定转轴	转轴 插入转轴
④送入电缆，将摄像头插入管道内部进行检测。在送入电缆的同时，要用规定浓度的次氯酸钠喷洒，同时戴上外科手套，用干净的布擦拭	送入电缆 摄像头
⑤检测结束后，将电缆拉回转轴内，拉出转轴，关闭检修阀。 检查检修阀是否关闭后，拆除设备	拆除
⑥重新安装空气阀或消火栓等，施工结束	安装

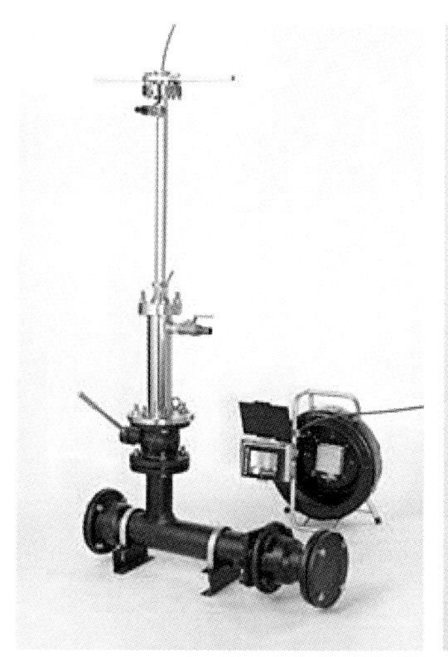

（a）推杆式 CCTV 设备

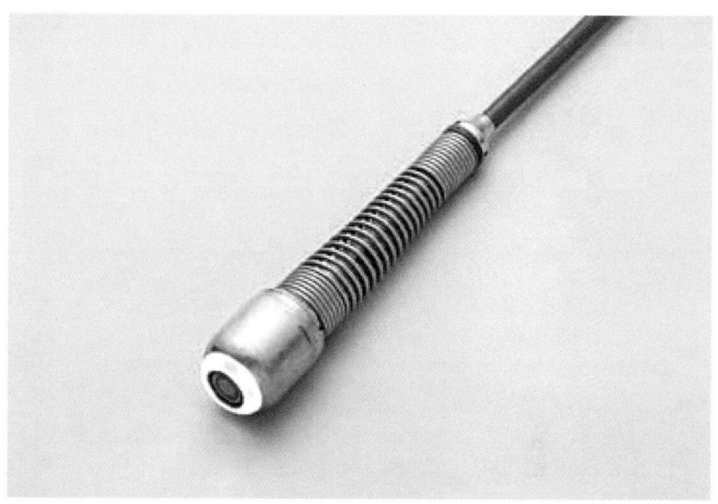

（b）摄像头部分

图 4-2 推杆式 CCTV 设备与摄像头部分（技术认证第 4 号）

推杆式 CCTV 特点：

1）摄像头（自动水平功能）

自动水平功能确保了管道内图像的可识别性。

2）摄像头连接器（便于维护）

①摄像头通过一个特殊的连接器与摄像机电缆相连，可以分离。

②如果摄影头出现问题，可以在短时间内现场更换。

3）防水结构（耐高压）

①摄像机部分可浸没和防水（连接时防水标准为 IP68，耐水压 1.0MPa）。

②可在水处理厂附近和高水压地区使用。

4）光学系统（超广角镜头）

紧凑的超广角镜头（在空气中的视角：约 160°；在水中的视角：约 96°），便于观察管壁的方向。

5）照明

使用超亮的白色 LED，即使在黑暗的管道内也能提供明亮的图像。

6）摄像机电缆

①标准配备的摄像机电缆，电缆长度为 40m。

②保证现场工作顺利进行是首要任务，可以进行现场更换。

7）电缆滚筒 / 控制器

①采用管状框架减少了重量，确保了便携性。

②标准配置配备了电缆伸出长度显示功能。

③标准配置配备了具有图像记录功能的液晶显示器。

④图像格式符合便于向个人电脑传输数据的文件格式。

数据被记录在 SD/SDHC 卡上，便于记录在报告书或其他文件上。

（2）适用管径 Φ500~Φ2000mm

适用管径 Φ500~Φ2000mm 的摄像机 Pipescope-500 工作内容与工程图 表 4-3

工作内容	工程图
①检查管道的铺设和设备在待测管道中的安装情况 • 主管道的公称直径（500mm 以上）； • 主管道内的压力（1.0MPa 以下）； • 垂直管段的公称直径； • 隔断阀（检修阀）的公称直径（100mm 以上）； • 有 / 无阀门井盖； • 有 / 无短管的垂直管段； • 垂直管段的总长度（尺寸 A）； • 阀门井尺寸； • 设备安装点上方的空间是否有障碍物等	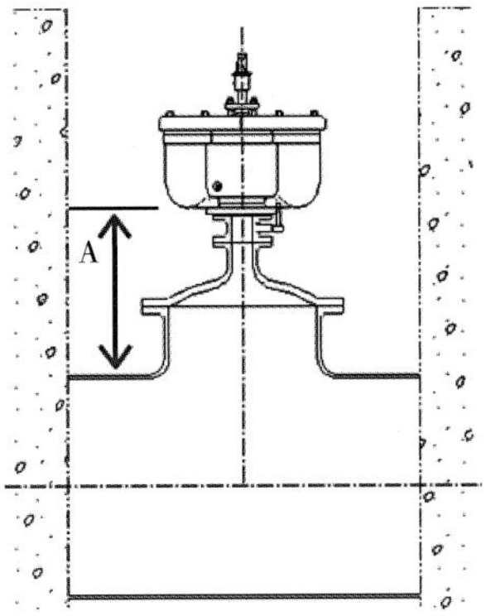 A
②关闭设备安装点的检修阀（或闸阀），拆除空气阀等 ※ 要与相关部门讨论检修阀（或闸阀）的开关操作和拆除	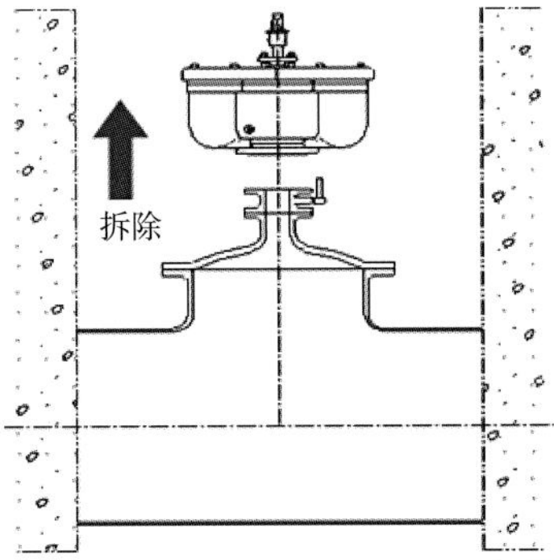 拆除
③清洗设备安装点的法兰部分	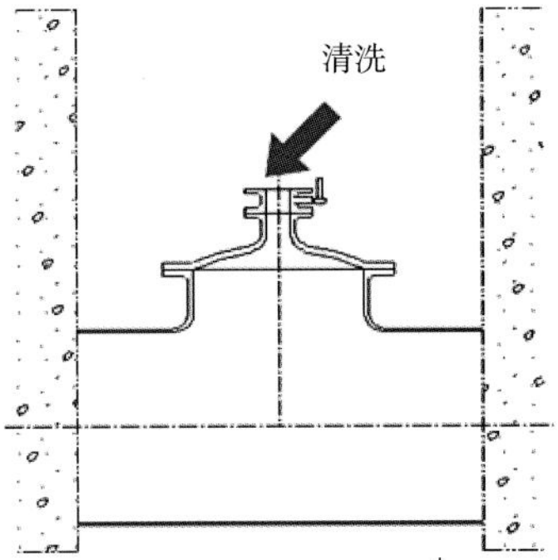 清洗

续表

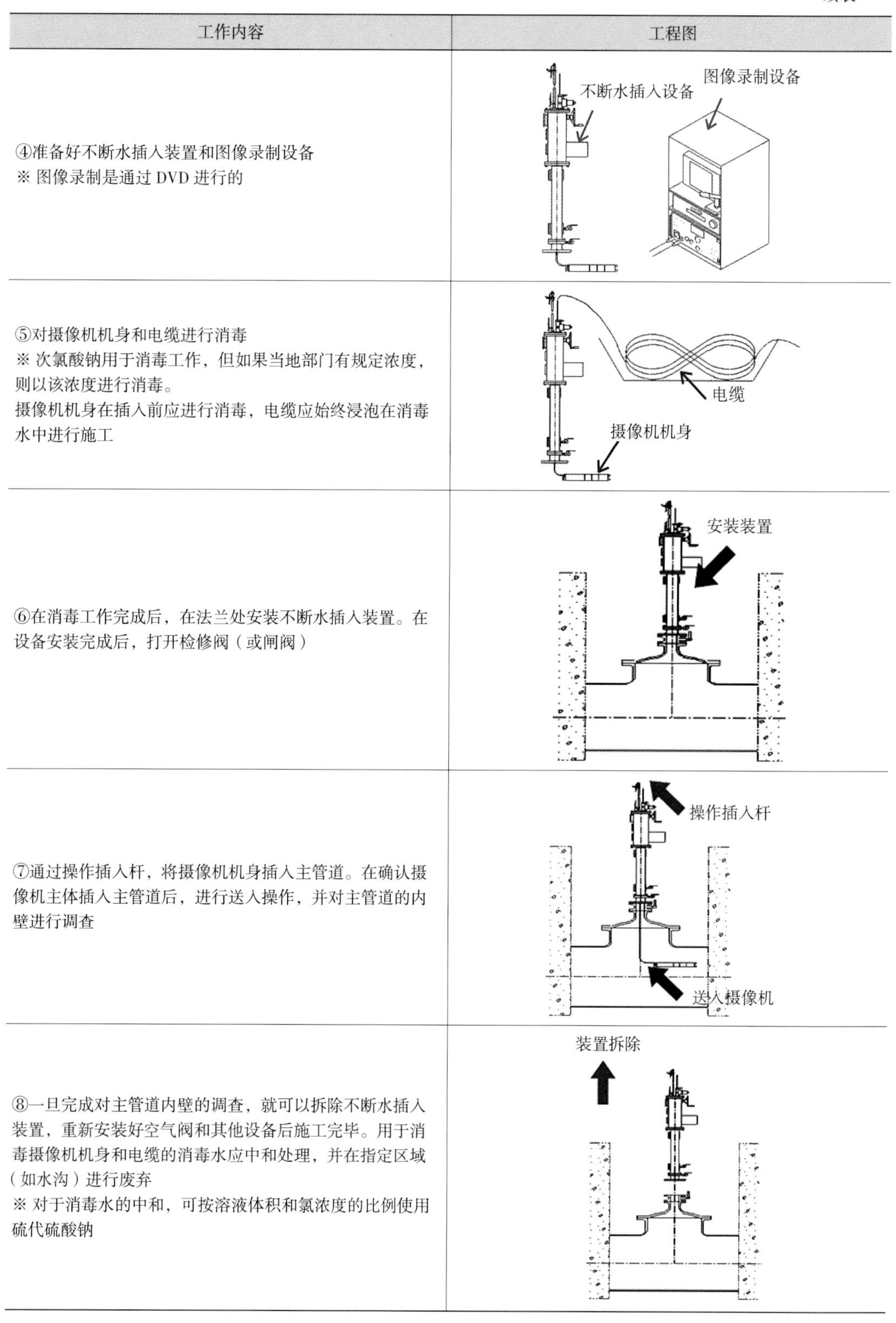

工作内容	工程图
④准备好不断水插入装置和图像录制设备 ※ 图像录制是通过 DVD 进行的	
⑤对摄像机机身和电缆进行消毒 ※ 次氯酸钠用于消毒工作，但如果当地部门有规定浓度，则以该浓度进行消毒。 摄像机机身在插入前应进行消毒，电缆应始终浸泡在消毒水中进行施工	
⑥在消毒工作完成后，在法兰处安装不断水插入装置。在设备安装完成后，打开检修阀（或闸阀）	
⑦通过操作插入杆，将摄像机机身插入主管道。在确认摄像机主体插入主管道后，进行送入操作，并对主管道的内壁进行调查	
⑧一旦完成对主管道内壁的调查，就可以拆除不断水插入装置，重新安装好空气阀和其他设备后施工完毕。用于消毒摄像机机身和电缆的消毒水应中和处理，并在指定区域（如水沟）进行废弃 ※ 对于消毒水的中和，可按溶液体积和氯浓度的比例使用硫代硫酸钠	

Pipescope-500 调查原理和调查设备见图 4-3 和图 4-4。

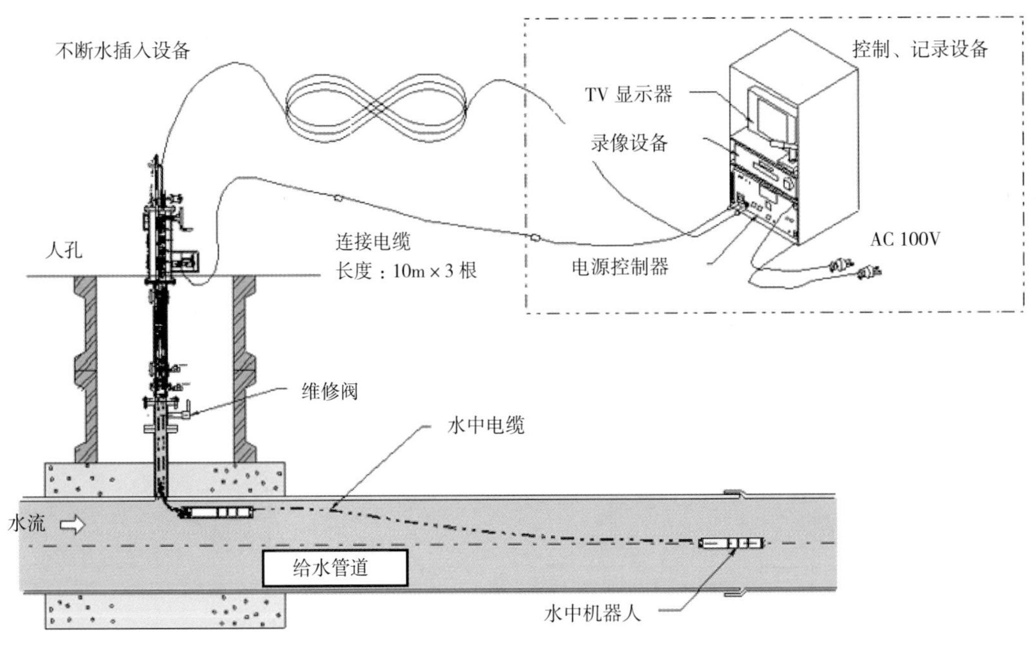

图 4-3　调查原理图

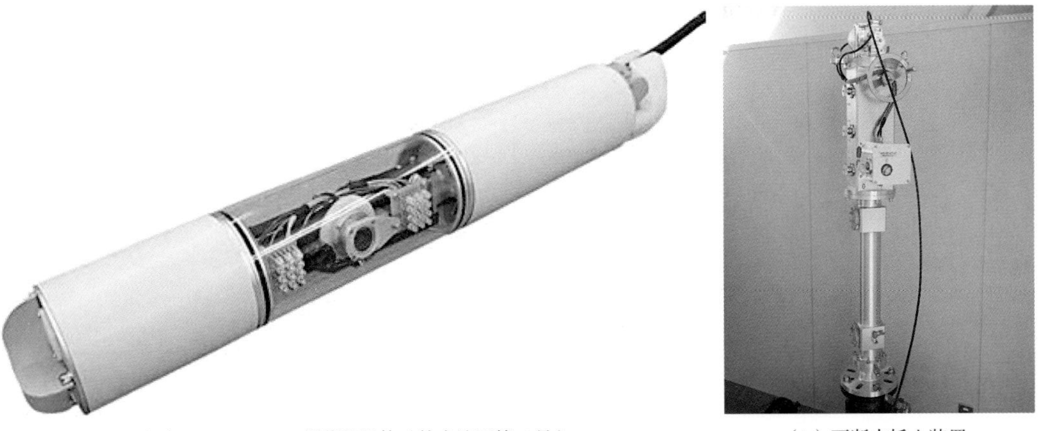

（a）Pipescope-500 摄像机机体（技术认证第 5 号）　（b）不断水插入装置

图 4-4　Pipescope-500 调查设备

（3）适用管径 Φ600mm 以上

适用管径 Φ600mm 以上的遥控设备 ROV（EK-W）工作内容与工程图　表 4-4

工作内容	工程图
①初期调查 确认调查对象管道的管道铺设和设备安装的情况。 • 主管道的公称直径； • 垂直管段的公称直径； • 有 / 无阀门井盖； • 阀门井的大小； • 设备安装位置的状况	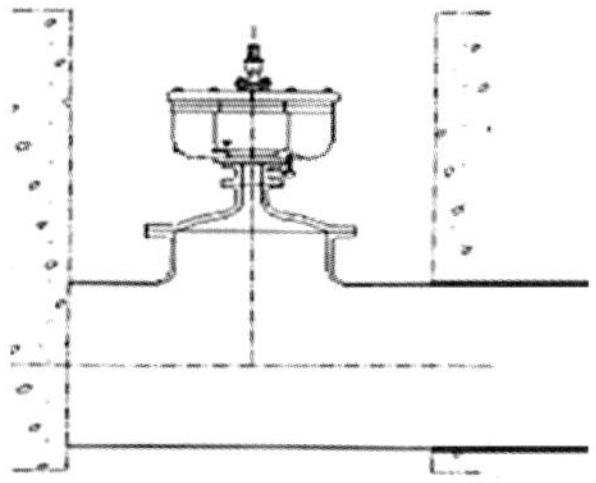
②拆除现有设备（设备拆除） 将被调查的管道置于断水状态，并拆除设备。 • 上游和下游闸阀完成开关操作； • 拆除阀门井或空气阀要与当地部门商议	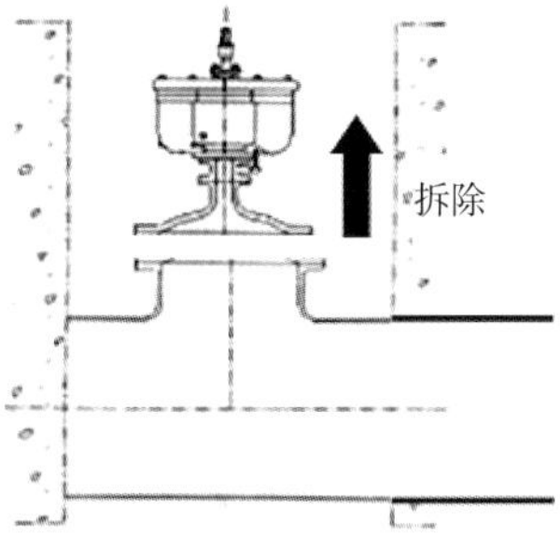 拆除
③准备调查 清理法兰部分等，防止异物进入。 • 安装调查设备； • 清理法兰部分	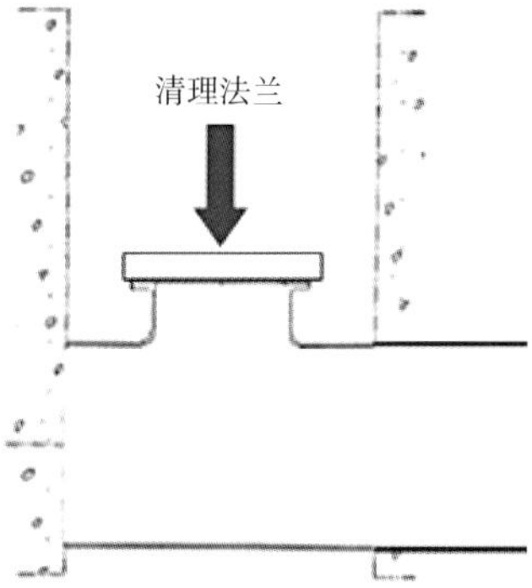 清理法兰
④确认调查设备的运行情况 安装并测试调查用 ROV 和控制显示器的运行。 • 录制设备、控制设备； • ROV 驱动机、摄像机	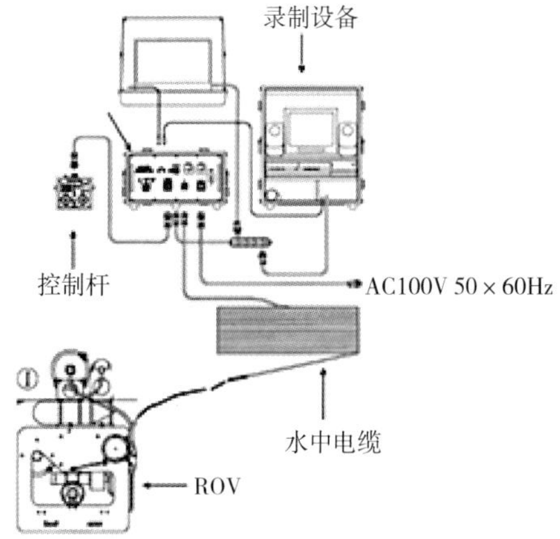 录制设备 控制杆 AC100V 50 × 60Hz 水中电缆 ROV

续表

工作内容	工程图
⑤清洗调查设备 用氯气浓度为 10ppm 的清洁液刷洗 ROV 本体和控制电缆。 • ROV 本体； • 水中电缆	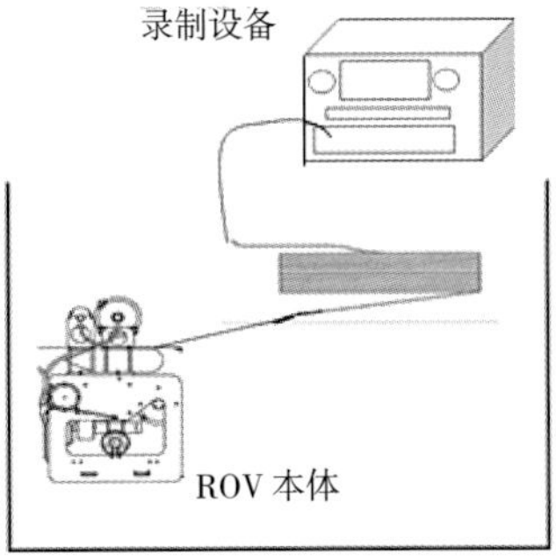 录制设备 ROV 本体
⑥管道内窥调查 将 ROV 通过开孔插入，并对指定的区域进行调查。 ROV 重约 20kg，使用水下电缆插入管道中。 ROV 使用操纵杆进行上 / 下、左 / 右、前 / 后和旋转操作。 尺寸测量也可以用 80mm 间隔的线状激光器来进行。	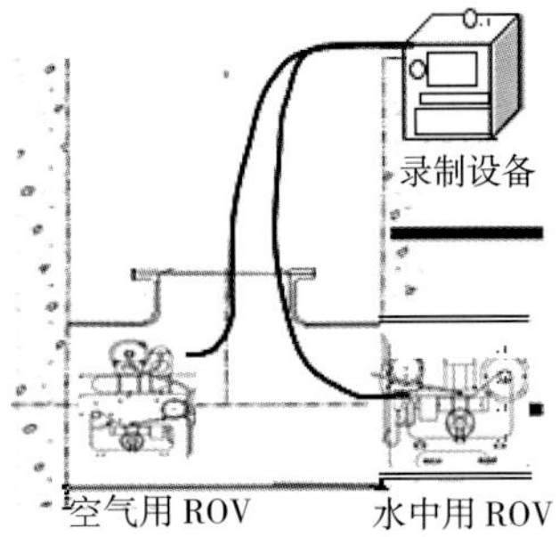 录制设备 空气用 ROV 水中用 ROV
⑦撤除调查设备 主管内的调查完成后，撤除 ROV。 清洗用水经中和处理后排走	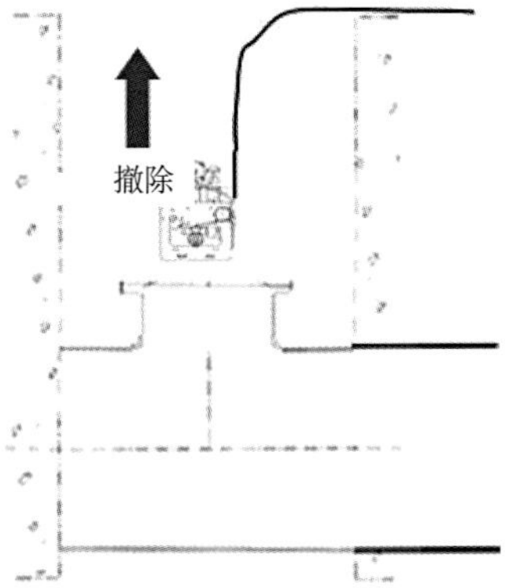 撤除
⑧有设备的安装 安装空气阀等，并检查法兰盘是否有泄漏后，完成工作	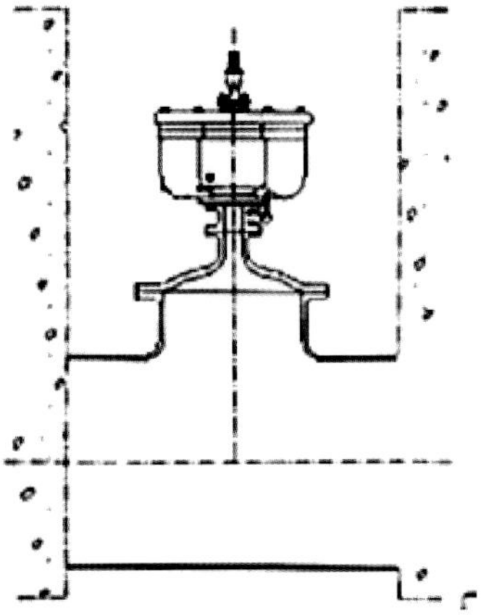

（4）需要注意的主要问题

1）虽然摄像头和电缆足够耐用，但还是要注意不要过于粗暴使用。

2）可以通过监视器实时监测调查的状态，并对调查区域和调查速度发出指示。因此，在插入摄像机的过程中，如果有异物、锈斑或弯曲的管道或阀门的不规则部分成为障碍，使摄像机无法插入时，应仔细调查原因，采取灵活措施，如改变插入方法或插入位置等，避免强行插入，造成设备故障或损坏管道。

3）由于水质条件的原因，有可能导致管道的内壁很难被视觉识别。如果有无法实现调查目标的可能，需充分与委托方进行商议。如果摄影头和电缆的移动有可能导致泥水影响水质，则有必要与委托方商议措施，如通知附近居民和完成下游的排水工作。

4）摄像机的渗漏调查可以通过观察是否有气泡和污泥从渗漏点流入来确认，但必须注意当没有明确可识别的现象时很难进行调查。

5）最新的摄影头内置自动水平装置，这使得确定管道的顶部和底部相对容易。插入工作开始后，通过检查管道中的位置关系与显示器显示的一致性来记录数据。如果有说明，记录方法、摄像机插入速度等应符合规范要求；如果没有说明，则应与委托方协商。

6）在调查完成后，安装消火栓和空气阀以结束施工，但应注意避免因安装错误而导致的泄漏。

水中用 ROV 和空气用 ROV 分别见图 4-5 和图 4-6。

图 4-5　水中用 ROV（中央圆柱形部分是摄像头）

图 4-6　空气用 ROV（上方的圆柱形部分是摄像头）

目前由日本全国给水管道管内 CCTV 调查协会批准的摄像设备包括技术批准号 1~6。表 4-1 中列出了各型号的名称、制造商和特点。

3. 业务细分

给水管道 CCTV 调查明细示例见表 4-5。

给水管道 CCTV 调查明细示例 表 4-5

工种	种类	细分	单位	数量	单价	金额	摘要
给水管道 CCTV 调查							
人工费	工作计划（给水管道 CCTV 调查）		个	1.0			
人工费	现场勘察（给水管道 CCTV 调查）		个	1.0			
人工费	给水管道 CCTV 调查（日间作业）安装准备		个	1.0			
人工费	给水管道 CCTV 调查（日间作业）测量		个	1.0			
人工费	给水管道 CCTV 调查（日间作业）拆除		个	1.0			
人工费	给水管道 CCTV 调查（数据图像）解析		个	1.0			
人工费	安全费用		个	1.0			
人工费	报告书编制		个	1.0			
小计							
经费	搬运费		个	1.0			
	小计						
	纯调查费 合计	直接调查费用总额＋共同临时建筑费用					
	现场管理费		份	1			
	调查原价 小计	纯调查费用总额＋现场管理费					
	一般管理费		份	1			
	调查费 小计	调查费总额＋一般管理费					
	其他 小计						
	消费税等值						
	调查费 总计						

第 5 章 给水管道 CCTV 调查结果分析与评价

如今，当大多数人都能用上自来水供水时，消费者对供水的关注正转向对质量的要求，如所提供的水是否安全、可口，是否能安心地用于日常生活和商业。为了确保未来的可持续供水，充分满足水质需求和进一步提高客户满意度已变得至关重要。

然而，在有些情况下，很难说自来水厂生产的优质水是在保持水质的情况下输送给消费者的。这是因为，除了储水箱的问题外，还有可能来自输配水管道造成水质恶化问题。本节介绍了协会迄今为止对这些问题的原因所积累的一些调查和发现。如果流速或方向没有变化，管道中的锈迹就基本不会从发生锈蚀的地方移走。因此，应该注意的是，管道中出现的锈迹并不一定意味着是来源于给水管道。

1. 输水、配水管道所导致的水质恶化

输水、配水管道造成的水质恶化现象主要可能包括余氯损失、红水、异物和消毒剂副产品，如高 pH 的三卤甲烷。

问题的类型千差万别，其中大部分与居民投诉直接相关。根据水务技术研究中心 2001 年进行的一项调查，铁锈（红水）、沙子、锰和油漆膜碎片被确定为引起投诉的首要物质，需要采取措施来处理这些物质。

2. 给水管道 CCTV 调查的案例研究

一般来说，需要修复的铸铁管道可能会在管道内壁出现锈蚀凸起，这可能会导致红水和降低水流能力。锈斑的发生一般不能仅通过埋设年限来判断，锈斑的形状、颜色、大小、硬度和其他情况往往因水质和水力条件的不同而有很大差异。

（1）铸铁管（管道堵塞情况）

在没有涂层的老化管道中，管道的整个内壁都出现了锈瘤（图 5–1、图 5–2）。

（2）钢管

在许多情况下，老化的管道在焊接处有环形的锈蚀凸起（图 5–3、图 5–4）（目标：主要是水管桥）。

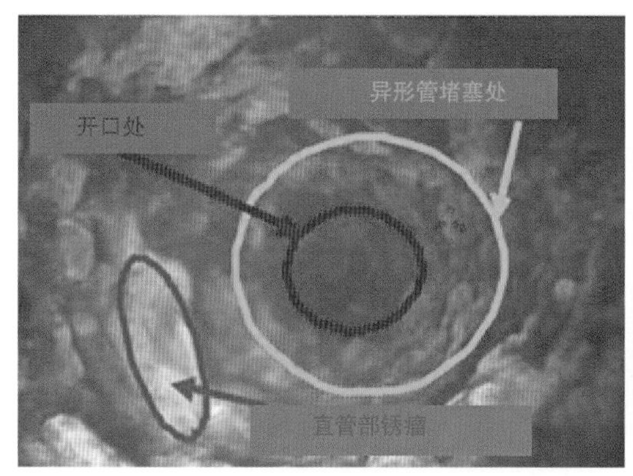

图 5-1 Φ150mm、1963 年铺设（埋设 39 年）

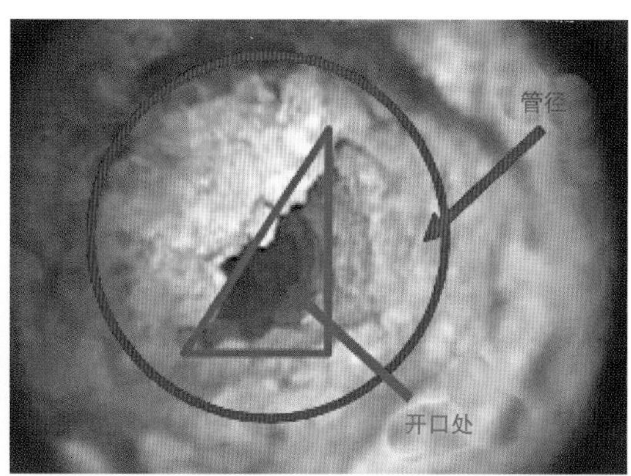

图 5-2 Φ700mm、1965 年铺设（埋设 37 年）

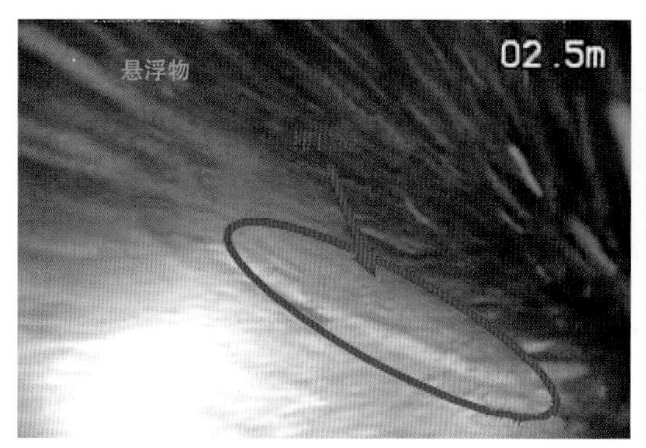

图 5-3 Φ150mm、1975 年铺设（埋设 28 年）

图 5-4 Φ150mm、1979 年铺设（埋设 24 年）

（3）最初的球磨铸铁管道（异形管段）

当时，球墨铸铁管道没有内衬，所以在很多情况下，变形的管道内壁形成了锈斑，造成红水，降低了水流能力。在许多情况下，部分铁锈凸起脱落，积聚在管道的直管部分。在看似没有流速的地方也观察到了附着的铁锈（图 5-5、图 5-6）。

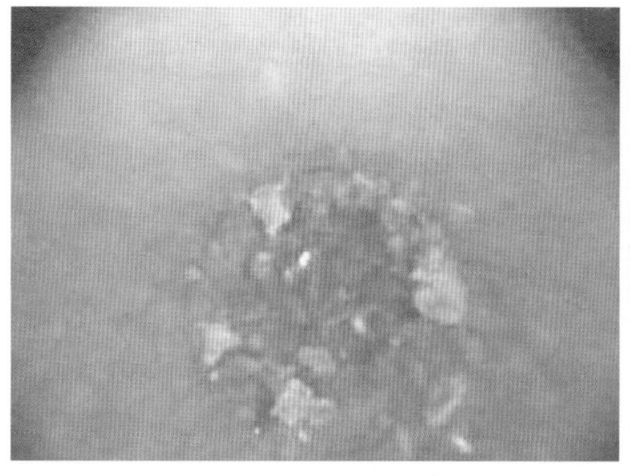

图 5-5 Φ100mm、1973 年铺设（埋设 31 年）

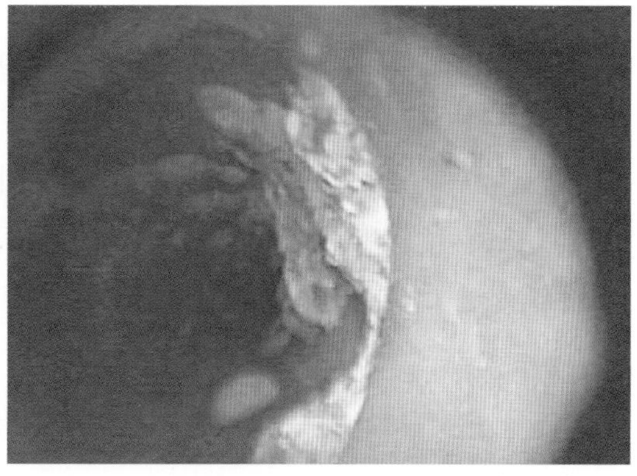

图 5-6 Φ100mm、1974 年铺设（埋设 30 年）

（4）铸铁管内衬砂浆的管道

取决于管道内壁的状况，可能会产生涂层脱落的情况（图 5-7、图 5-8）。

（5）消火栓垂直管段

经过多年的埋设，垂直管道的内壁可能会被锈瘤堵塞（图 5-9、图 5-10），导致在消防行动中输水不畅。

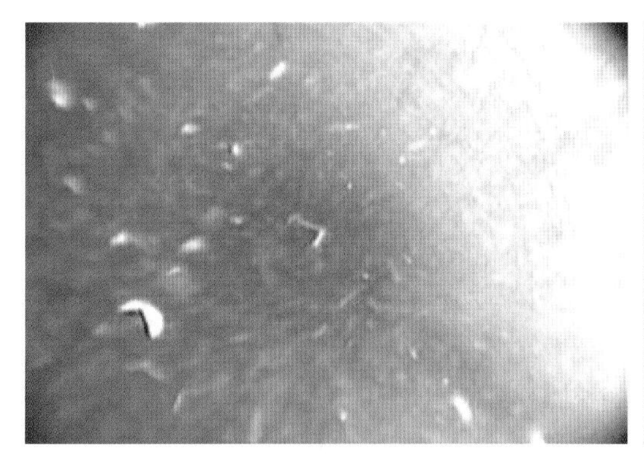

图 5-7 Φ100mm、1973 年铺设（埋设 31 年）

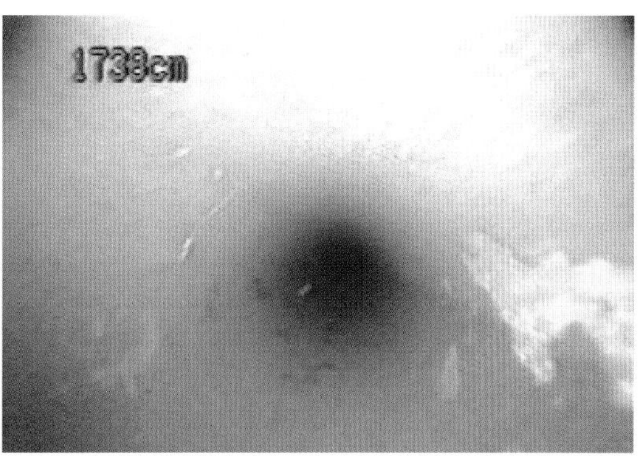

图 5-8 Φ100mm、1974 年铺设（埋设 30 年）

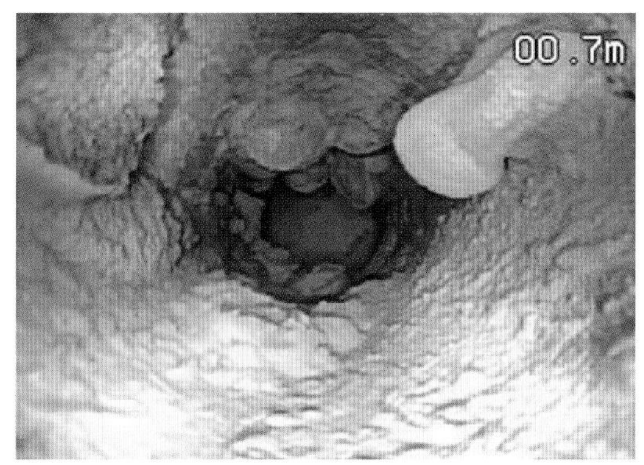

图 5-9 Φ75mm、1963 年铺设（埋设 39 年）

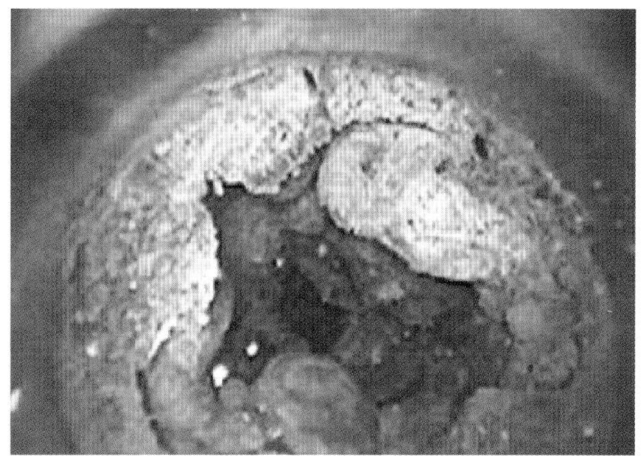

图 5-10 Φ75mm、1971 年铺设（埋设 32 年）

（6）管道内壁附着物

在水质被判断为独特的地区（如原水中锰含量高，pH 高），观察到锰和水垢的附着以及涂层碎片的脱落（图 5-11、图 5-12）。

（7）其他

在管道底部发现了可能在钻探给水管道过程中出现的碎片，以及可能在安装过程中混入或因砂浆内衬劣化而渗出的沙子（图 5-13）。

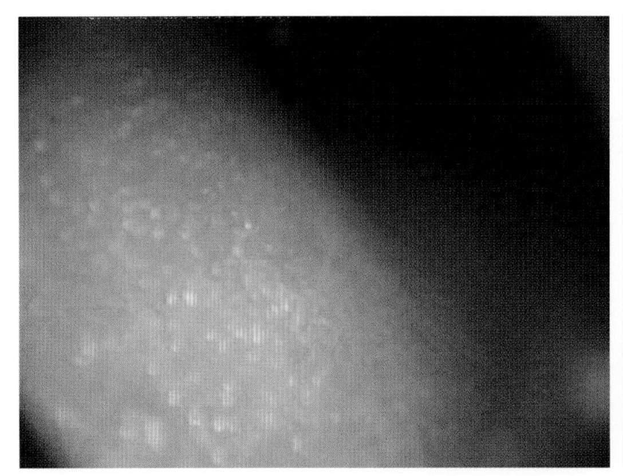

图 5-11 Φ75mm、1963 年铺设（埋设 39 年）

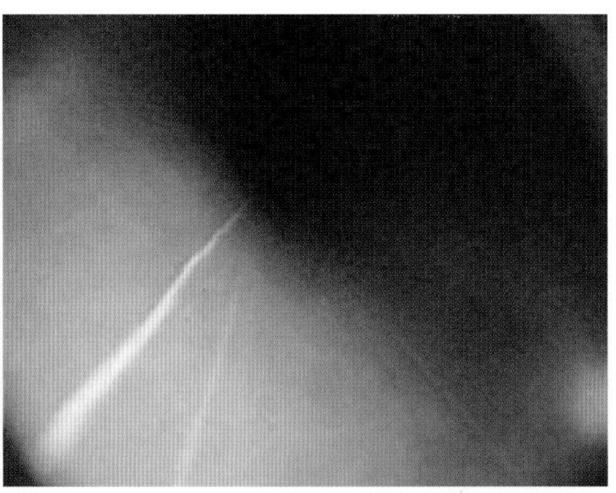

图 5-12 Φ200mm、1963 年铺设（埋设 39 年）

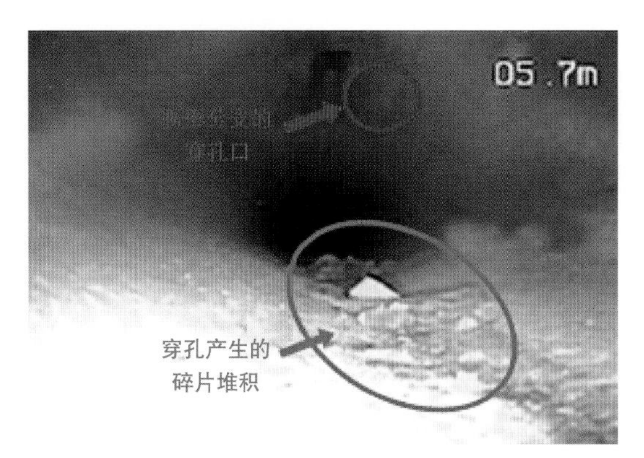

图 5-13 Φ75mm、1963 年铺设（埋设 39 年）

3. 通过给水管道 CCTV 调查对管道内壁进行评估

2010 年 9 月，日本给水管道管内 CCTV 调查协会内部成立了管道表面老化诊断和评估的评估委员会，并一直致力于管道表面评估和诊断，包括根据不间断的水管 CCTV 调查数据，利用视频和静态图像对老化的管道进行诊断和评估的讨论。

从数据中选出以下五项作为管道的劣化情况：

（1）锈蚀状态（产生和生长情况）；

（2）内壁附着物；

（3）内壁防腐层状态；

（4）沉积物；

（5）悬浮物。

这五个项目按项目和静止图像进一步分类，根据健全性的劣化程度分为五个等级，最健全的等级为 S，需要采取最多行动的等级为 D，在它们之间按顺序分为 A、B、C 等级。

对每种劣化状态的评估如下。

（1）锈蚀状态

锈蚀等级划分见表 5-1。S 表示没有生锈，D 表示生锈堵塞（> 30% 的视觉堵塞）。其余锈蚀状态按阶段分为 A、B、C。

锈蚀等级划分 表 5-1

等级	锈蚀的状态
S	没有确认到生锈的状况
A	确认到生锈的状况
B	确认到锈蚀的凸起状况（锈瘤）
C	已发生锈蚀堵塞的情况（目测堵塞率< 30%）
D	已发生锈蚀堵塞的情况（目测堵塞率> 30%）

（2）内壁附着物

内壁附着物等级划分见表 5-2。S 表示管道内壁没有附着物，D 表示附着物在内壁形成了厚层，其余附着物状态按阶段分为 A、B、C。

内壁附着物等级划分 表 5-2

等级	内壁附着物
S	没有附着物
A	能确认有少部分附着物
B	确认到管道内壁整体都有附着物
C	附着物在管道内壁形成薄层
D	附着物在管道内壁形成厚层

※ 在形状不规则的管道中观察到因锈蚀凸起而造成堵塞的区域，与被锈蚀附着的直管一样，被评为“A”级。

（3）内壁防腐层状态

对于内部防腐层，制定了两个等级清单。

1）内壁防腐层状况（砂浆内衬）等级划分见表 5-3。S 表示没有观察到脱落或其他问题的状况，D 表示砂浆内衬脱落的状况，其他状况按阶段分为 A、B、C。

2）内壁防腐层状况（涂层）等级划分见表 5-4（对象是环氧树脂粉末涂层和管端防腐涂层）。没有观察到剥落等的状态被定为 S，涂层已经剥落并形成铁锈的状态被定为 D，部分涂层已经剥落并形成铁锈的状态被定为 B。A 和 C 级被留为空白，因为无法确定每个级别的步骤状况。因此，根据这个等级表，有三种评价类型即 S、B 和 D。

内壁防腐层状况（砂浆内衬）等级划分 表 5-3

等级	内壁防腐层状况（砂浆内衬）
S	没有剥落等问题
A	涂层在内衬上漂浮
B	确认到涂层的剥落
C	确认到砂浆内衬的表面劣化状况
D	确认到砂浆内衬的剥落

内壁防腐层状况（涂层）等级划分 表 5-4

等级	内壁防腐层状况（涂层）
S	没有剥落等问题
A	空栏
B	涂层的一部分剥落且有锈蚀状况
C	空栏
D	涂层整体剥落且有锈蚀状况

（4）沉积物

沉积物状况等级划分见表 5-5。沉积物的状态被逐步分配为 A、B、C，S 表示没有沉积物的状态，D 表示由于沉积物太多而无法进行 CCTV 调查的状态。

沉积物状况等级划分 表 5-5

等级	沉积物
S	没有沉积物
A	确认到铁锈、沙子、石头等异物存在
B	确认到有部分铁锈、沙子、石头等异物沉积的状况
C	确认到大范围铁锈、沙子、石头等异物沉积的状况
D	由于沉积物太多导致摄像机被埋没无法继续调查

（5）悬浮物

悬浮物状况等级划分见表 5-6。悬浮物的状态按阶段分为 A、B、C，S 表示看不到漂浮物的状态，D 表示由于悬浮物造成的低能见度而难以进行 CCTV 调查的状态。

悬浮物状况等级划分 表 5-6

等级	悬浮物
S	没有确认到悬浮物
A	偶尔能确认到悬浮物
B	经常能确认到悬浮物
C	经常能确认到大量的悬浮物
D	由于悬浮物太多导致视野过差摄像机无法继续调查

应按以上五项对管道的劣化情况进行评级，并应根据每个阶段采取相应措施（见本书第 6 章）。

4. 使用给水管道 CCTV 调查的实例——修复和洗管方法的事前和事后核查等

给水管道 CCTV 调查是概述评估现状、采取适当的后续行动以及验证管道施工前后内壁状况的理想工具。

以下是各类型管道施工前后的更换、修复、特殊冲洗方法和排水冲洗的静止图片示例，并附有对比对象。

（1）更换工程施工前后对比见图 5-14、图 5-15。

（2）修复工程施工前后对比见图 5-16、图 5-17。

（3）特殊冲洗方法施工前后对比见图 5-18、图 5-19。

（4）排水冲洗施工前后对比见图 5-20、图 5-21。

（5）排水洗管见图 5-22、图 5-23。

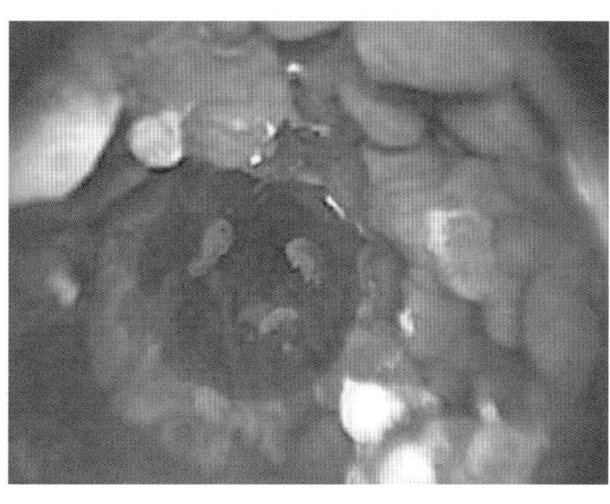

图 5-14 更换工程施工前

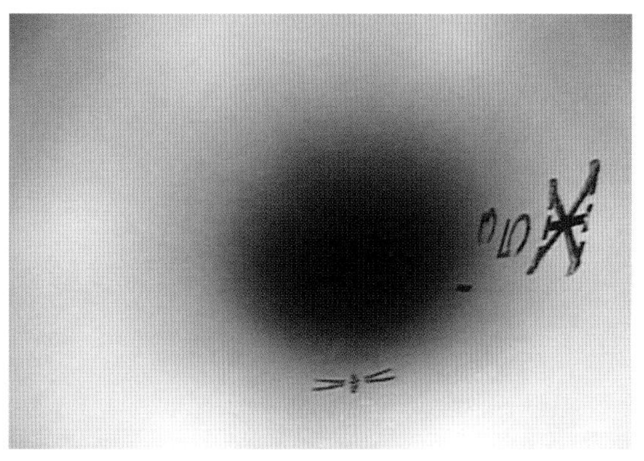

图 5-15 更换工程施工后

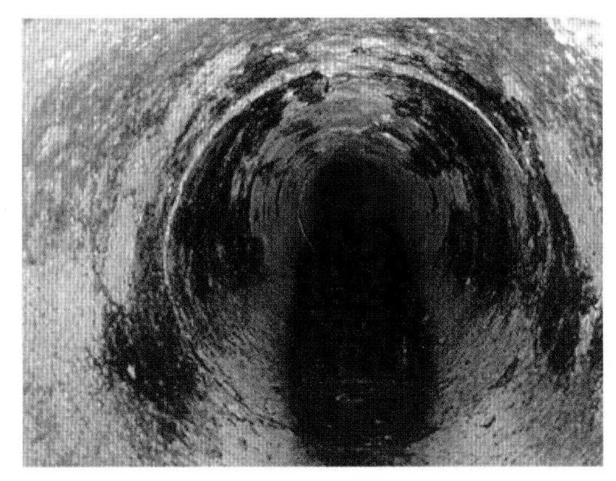
图 5-16 修复工程施工前

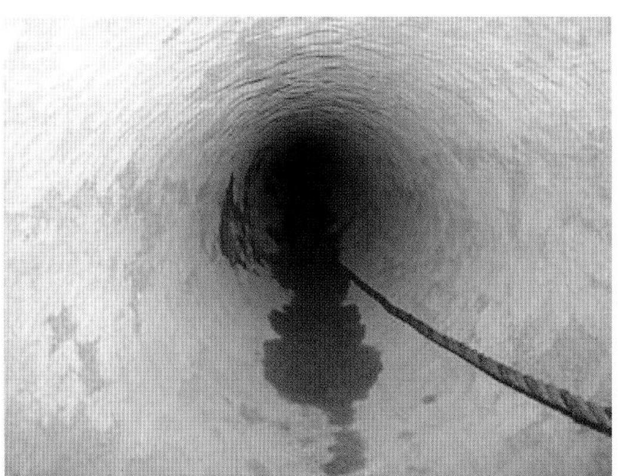
图 5-17 修复工程施工后

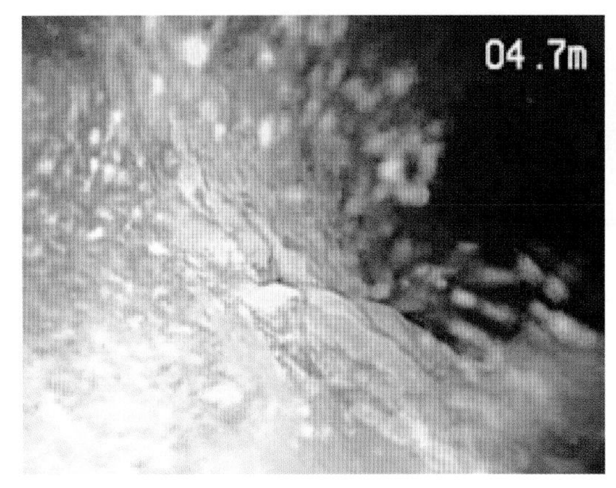

图 5-18 特殊冲洗方法施工前

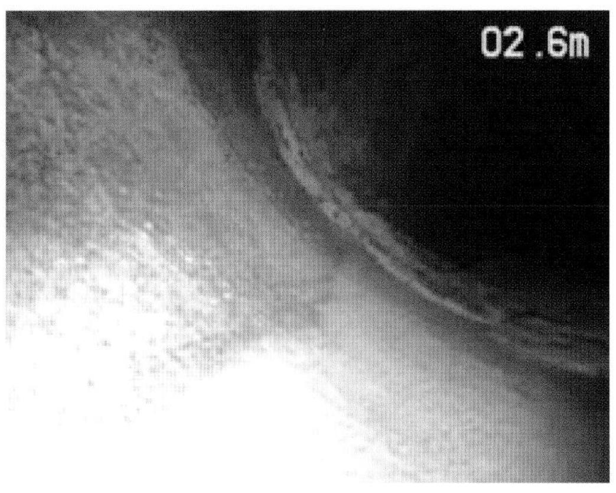

图 5-19 特殊冲洗方法施工后

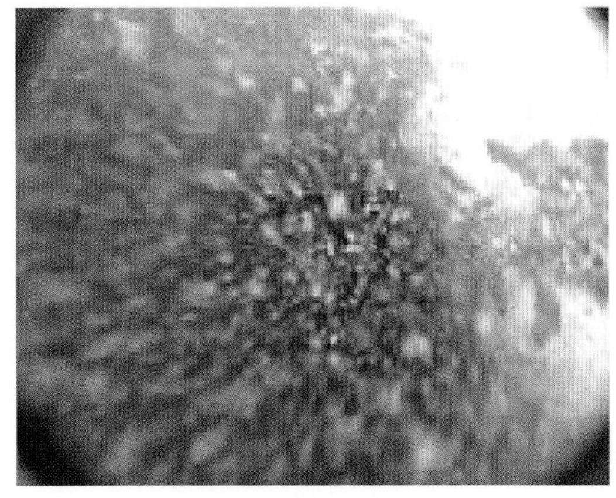
图 5-20 排水冲洗施工前

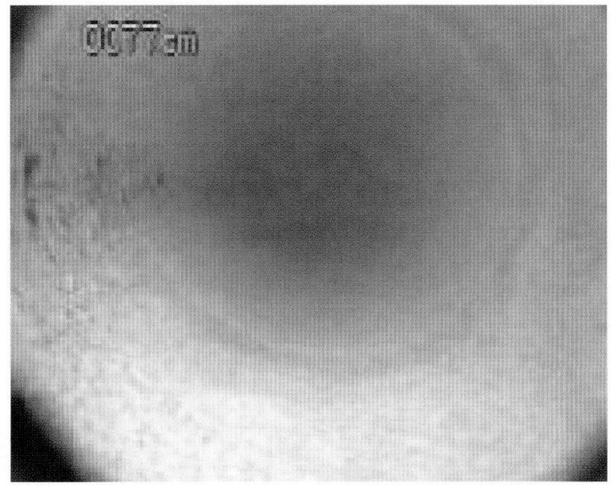
图 5-21 排水冲洗施工后

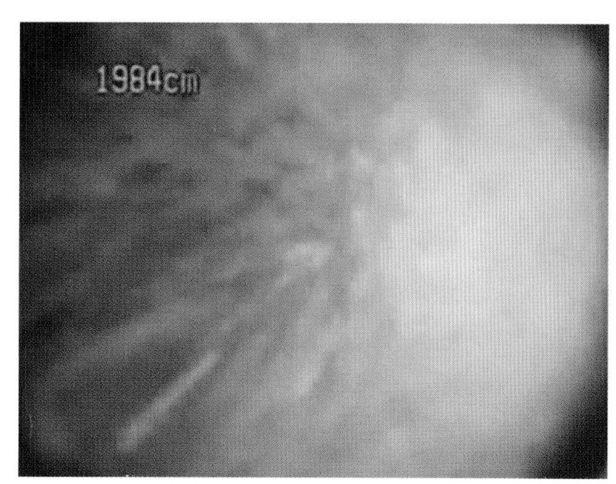

图 5-22 排水洗管中（以 80cm/s 的速度洗管 2h 后管壁上仍有悬浮物和沉积物）

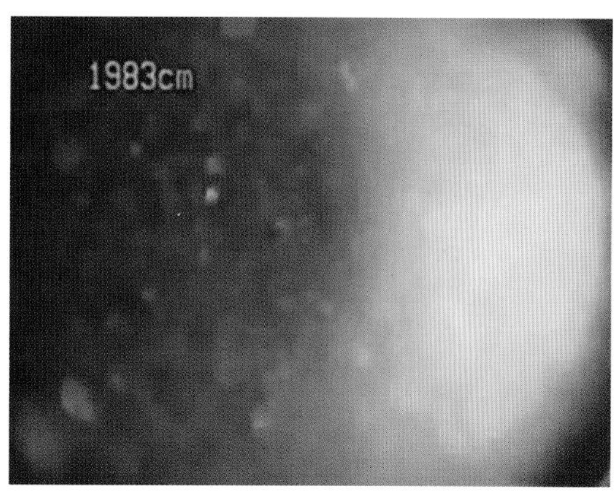

图 5-23 排水洗管后（悬浮物被消除，但管壁上的沉积物没有明显变化）

第 6 章　应对措施

1. 洗管技术

利用排水管和消火栓进行管道清洗。为了进行有效的清洁，管道中的流速应该在 1m/s 左右。特殊的管道清洗方法包括利用清管器（Pipeline Inspection Gauge，PIG）等对管道内壁进行物理摩擦清洗以排出异物、利用刷子的摩擦力有效排出管道内异物以及利用渣流的剪切力等方法。

（1）软 PIG 清洗（SCOPE 工法）

将一个用于插入 PIG 的发射器装置和一个用于收集 PIG 的捕捉器装置连接到要清洗的管道部分，通过打开泵或发射器的上游阀门，在摩擦力的作用下抽出 PIG。清洁范围从直径 50mm 到最大直径 1200mm，可适用于除石棉管以外的所有管道类型。每条路线在日 / 夜断水的清洗距离约为 3000m，清洗所需水量约为管道容量的三倍。该系统可以处理单一路线内的直径变化和弯曲的管道，能够根据用水量和停水时间选择路线。另外，地上消火栓可以通过安装一个特殊的夹具来进行清洗。

（2）高速碳酸水清洗（HS 工法）

将一辆注入二氧化碳气体的清洗车和一辆废水处理车用软管与要清洗的管道相连。通过操作阀门将管道内的流速设定为 0.3m/s 后，将二氧化碳气体间歇性地注入管道，产生高速渣流（流速约为 3m/s），在渣流的剪切力作用下进行清洗。清洗目标直径为 250mm 或更小，可适用于除石棉管以外的所有管道类型。在夜间分段断水时，清洗距离约为 1000m，清洗所需水量约为管道容量的两倍。它不受埋在地下的管道形状或是否存在不规则形状管道的影响。对于废水处理，通过过滤器收集洗涤去除的异物，将氢离子 pH 浓度调整到中性左右再排放。

（3）带旋转刷的高压喷射清洗（TS 工法）

将需要清洗的管道中的消火栓（空气阀）的 T 形管的上部移开，使用插入夹具插入清洗头，然后操作高压泵，通过旋转刷子的摩擦力清洗管道。需要清洗的管道类型是球墨铸铁管（不包括无内衬的管道）、聚氯乙烯管和直径为 75~250mm 的钢管。夜间分段断水时，需要清洗的距离约为 200m。如果埋在地下的管道形状有蝶阀，就不能安装，所以必须事先检查现场。

（4）其他方法

还有一些其他方法，如在导管中给球充气，并利用导管中的流量进行清洗，或在水中加入盐，形成雪花膏用于清洁。在任何情况下，在计划清洁工作时，根据图纸进行现场调查是必要的，重要的是要有一个工作计划，以便有足够的时间在清洁工作后及时开始配水。

2. 改善水质的方法

通过注入消石灰（氢氧化钙）等改善朗格利尔指数 *（增加自来水的碱度和钙离子浓度，将 pH 调整到 7.5 或更高），是控制输水管道腐蚀和红水的有效方法，可以延长输水管道的寿命。

* 什么是朗格利尔指数（*LI*）？

朗格利尔指数是一个确定水的腐蚀性的指标。朗格利尔指数是由美国的朗格利尔先生在 1936 年提出的，并被用来指导碳酸钙薄膜的形成。朗格利尔指数的正值越高，碳酸钙越容易沉淀，越不具有腐蚀性；在零值时，碳酸钙处于平衡状态，既不沉淀也不溶解；在负值时，碳酸钙薄膜难以形成；绝对值越高，水的腐蚀倾向越强。

朗格利尔指数是指水的 pH、钙离子浓度、总碱度和可溶性物质含量（用来计算校正值），由以下公式确定：

$$LI=pH-pHs=pH-8.313+\lg[\mathrm{Ca}^{2+}]+\lg[A]-S \tag{6-1}$$

式中 pH——水的实际 pH；

pHs——平衡状态的 pH；

$\lg[\mathrm{Ca}^{2+}]$——钙离子浓度的对数；

$\lg[A]$——总碱度的对数；

S——校正值。

从这个公式可以看出，要提高朗格利尔指数，可以通过提高 pH、总碱度或钙离子浓度。

3. 异物的清除

在现有的管道中，外来物质可能会积聚，如沙子、铁锈和密封涂层。根据其属性，外来物质在导管中的表现可能不同。密度相对较高的铁锈和沙子往往积聚在管道的底部，当管道内的流速较低时，它们不会移动。另一方面，密封涂层的密度很低，在流速超过 0.1m/s 时开始移动。

一般来说，排水系统和消火栓被用来清除异物，但其他方法包括在管道中安装过滤网用以捕获异物并将其排放到管道外。

表 6–1 中列出了过滤网的类型和特点。

过滤网的类型和特点 表 6–1

种类	形状	特征
缠绕式 T 形管	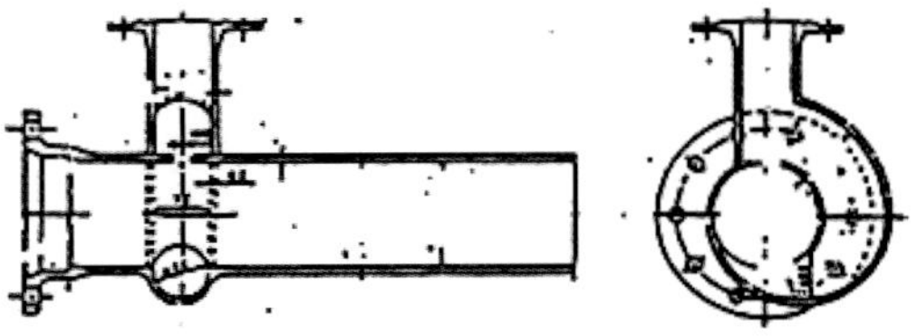	①可作为消火栓使用。 ②结构紧凑。 ③洗涤过程中流在管道底部的异物可以有效地排出
排水 T 形管	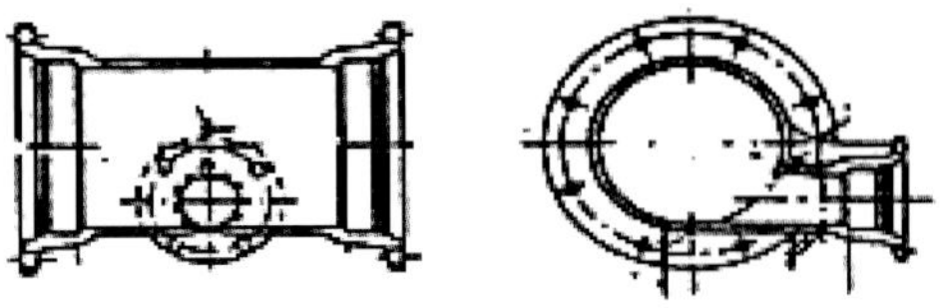	洗涤过程中流淌在管道底部的异物可以有效地排出
Y 形滤网	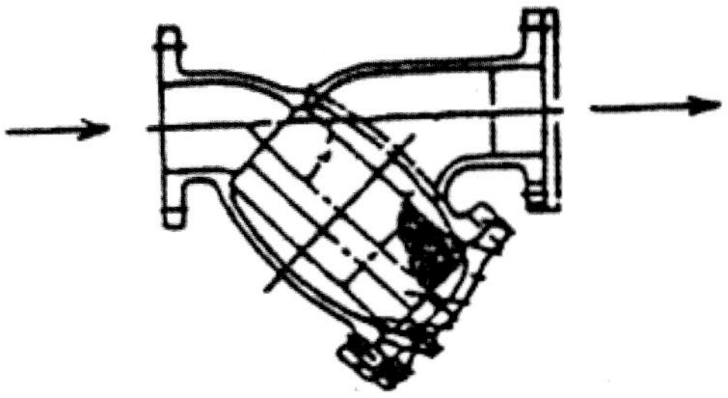	①圆柱形过滤网的内表面收集异物，可通过排水排出。 ②仅适用于单向流动
特制的滤网	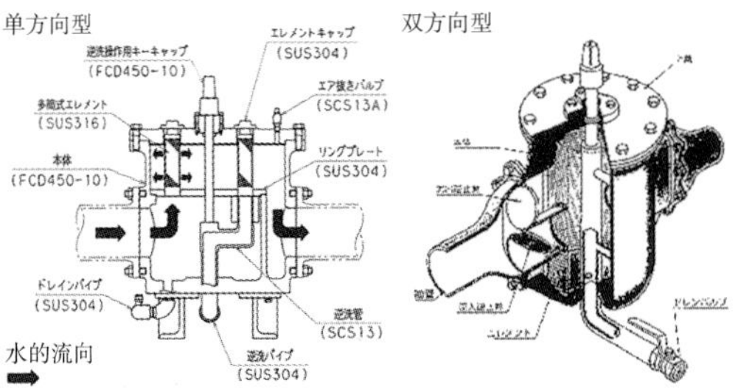 单方向型 双方向型 水的流向	①污染物可以被收集在过滤网中，并通过排水排出。 ②该结构的设计使过滤网可以在不间断供水的情况下与排水管同时疏通

4. 修复

应考虑安装环境、性能和成本，选择最合适的管道修复方法。表 6–2 为典型管道修复方法。

典型管道修复方法 表 6-2

<table>
<tr><th>结构分类</th><th>功能分类</th><th>工法分类</th><th>管的形成方法</th></tr>
<tr><td rowspan="7">单管结构</td><td rowspan="6">自立型
两层构造管</td><td rowspan="2">反转工法</td><td>热硬化</td></tr>
<tr><td>光硬化</td></tr>
<tr><td rowspan="4">形成工法</td><td>热形成</td></tr>
<tr><td>热硬化</td></tr>
<tr><td>光硬化</td></tr>
<tr><td>光热硬化</td></tr>
<tr><td>自立管</td><td>管中管工法</td><td>—</td></tr>
<tr><td rowspan="2">复合管结构</td><td rowspan="2">复合管</td><td rowspan="2">制管工法</td><td>嵌合制管</td></tr>
<tr><td>热硬化制管</td></tr>
</table>

5. 更换

如果管道还是持续劣化，应采取更换新管措施。

第 7 章　问题与解答

1. 与调查有关的基本事项

Q1：在什么情况下会进行给水管道 CCTV 调查？

A：当想查明水质、水压和水管中其他问题的原因时，当想安全可靠地在管道内进行清洁和放水工作时，当想根据管道的老化程度制定修复和抗震计划时，会进行给水管道 CCTV 调查。

Q2：如何进行给水管道 CCTV 调查？

A：摄像系统从现有的地下消火栓和空气阀下面的维修阀门在不断水的状态下，将摄像电缆推入管道，在压力下勘察管道的状况。

Q3：能了解管道内的哪些情况？

A：可以实时评估管道的当前状态，包括锈斑、沉积物和悬浮物的状态、涂层剥落的状态、接头的错位、阀门的开闭程度、钻孔产生的碎屑和异物等。

Q4：可以调查的管道内最大水压和流速是多少？

A：对于不断水调查，水压最大可达可以达到 1MPa。然而根据设备不同也有最大水压为 0.75MPa 的情况。最大流速被限制在 1~2m/s。

Q5：能否在不进行土方工程或切割管道的情况下进行调查？

A：基本上，CCTV 调查可以从现有的设施（消火栓和空气阀）进行，不需要土方工程或切割管道。

Q6：摄像机是如何运行的？那么它可以插入的距离是多少？

A：对于电缆推入式，有两种类型：一种是进入管道底部，另一种是远程操作，在水下运行。根据型号不同，可提供 15m、40m、60m、100m 和 200m 的插入距离。

Q7：调查对象是哪些管道类型和管径？

A：除石棉管外的所有管道都可调查。

管道管径取决于用途，但对于沿管底行进的类型，口径应在 75~800mm 之间，对于在水下进行的类型，口径应在 500mm 或以上。

Q8：调查需要多大的空间？

A：如果不使用车辆，可以在现有设施（消火栓和空气阀）周围工作，占用一个

2m × 5m 的空间。

Q9：调查需要多少人员？

A：40m 以下的电缆长度的标准人员配置是 2 名工人 + 交通组织者，60m 以上的长距离电缆是 3 名工人 + 交通组织者。

Q10：调查一个地点需要多长时间？以及每天可以调查多少个地点呢？

A：根据现场情况，每个地点大约需要 3~4h，用于拆除消火栓、组装摄像设备、上游和下游的插入调查、消火栓安装和清理。在一天内，每个消火栓大约需要 2~3h，这取决于消火栓螺栓和螺母的退化情况。

Q11：如果我想调查的水管附近没有消火栓或空气阀怎么办？

A：你可以在水管上钻一个直径为 50mm 的马鞍形水龙头，把它作为一个插入点。然而，防腐蚀涂层应在 CCTV 调查完成后安装。也可以用不断水的方法来安装消火栓。

Q12：采取什么措施来确保设备的卫生？

A：在设置插入设备的同时，用规定浓度的次氯酸钠喷洒，同时操作者戴上外科手套，用干净的布不断擦拭设备。

Q13：摄像机拍摄的图像是否为放大的格式？

A：不做任何放大。该摄像机有一个鱼眼镜头，所以近距离的物体会显得更大。然而，可以通过使用显示器的放大率来放大图像。

Q14：调查报告是以什么格式提交的？

A：报告以两种格式提交：文件档案和电子媒体。

Q15：你们是否也能调查有自由地表水的管道和配水池？

A：可以进行调查。一些经过认证的摄像机是为自由水面的管道和配水池设计的。

2. 调查中应注意的事项

Q16：在操作摄像机时，应注意哪些问题？

A：如果管道被锈蚀的凸起或沉积物堵塞，摄像机可能无法前进。不要强行将摄像机放入管道。电缆可能弯曲或摄像机可能损坏。

Q17：插入摄像机困难的地方是什么？

A：应考虑由锈蚀凸起或有三个或更多曲率较大的弯曲管道造成的堵塞。推入式电缆受到阻力可能使相机难以插入。

Q18：摄像机能否通过连接环或其他不平整的地方？

A：当管道直径为 400mm 直径或更大时，连接环和摄影头之间的台阶可能大于摄影头的长度。在这种情况下，摄影头可能会进入主管道和接头之间的缝隙，而无法越过这个缝隙。

Q19：如果管道中间有一个 T 形管或类似的东西，摄像机的插入会发生什么情况？

A：因为它是推入式的，一旦摄像机以直角撞上 T 形接口，就不能再前进了。即使在中途将相机弯曲成直角，也很难将其插入 T 形接口。

Q20：如果插入点的垂直管段被铁锈凸起物挡住或有大量铁锈，该怎么办？

A：拆掉一次摄像头，换上除锈头，把垂直管段上的锈斑刮掉，用软管排水口排出锈斑。

Q21：在调查可能出现浑浊水和悬浮物的地区时，需要注意哪些关键点？

A：为了避免红水和黑水等浑浊水，调查公司会事先与管养单位核实过去的浑浊水历史，并讨论对策，如考虑排水方法，然后再进行调查。

Q22：如果在调查过程中发生了摄影头 / 电缆的故障，调查是否会被停止？

A：通过新推出的夜光摄像机（型号 NH-40），如果摄像机头和电缆在现场损坏，该系统可以当场更换。

Q23：如果阀室中上面的天花板很低，是否可以设置摄像系统？

A：有一些设备是可以的。

Q24：怎样才能进行有效的调查？

A：如果事先拆除了消火栓，并将箱子里的水排干，那么每天的调查点数量就可以增加，成本也可以降低。

结语

目前，一本关于管道内 CCTV 调查的指南已经编制完成，它为今后的给水管道维护和管理提供了有益的启示。我们要感谢委员会成员在此期间的努力。

如果把城市比作人，给水管道相当于动脉，排水管道相当于静脉。毋庸置疑，给水管道和排水管道对于健康和舒适的生活以及城市的工业和经济活动来说是不可或缺的。然而，在经济快速增长时代埋设的大量给水管道正在逐渐老化，超过法定服务年限 40 年的管道数量持续增加。正如人类定期进行健康检查一样，在早期发现严重疾病是极其重要的，管道也进入了一个维护和管理的时代，需要进行适当的诊断。

2002 年，一个专门研究水管的产官学联合研究项目在供水技术研究中心（WTIRC）启动，作者被任命为该中心主席，并继续开展联合研究至今。目前处于第四个为期三年的阶段，“Pipe Stars”项目作为对下一代水管的研究刚刚完成。在这期间，我们通过“New Epoch”项目，在 2005—2007 年期间，进行了关于管道设施功能诊断和评估的研究，在 2008—2010 年期间，进行了关于可持续供水服务的管道技术的“e-Pipe”项目。截止至今，项目已开展了功能退化预测和危险地图的研究和关于供水项目的 LCA 方法和 PR 的研究。

第一个项目被称为“Epoch”项目（2002—2004 年），以“Effective water use in Pipeline Operation Considering High quality”的首字母命名，代表了在管道运营中考虑高质量的有效用水。这是日本第一个关于管道的项目，具有划时代的意义，是一个优秀的联合研究项目，汇集了工业、政府和学术界，在世界任何地方都是无与伦比的。可以说，给水管道 CCTV 调查技术的研究在这个项目中真正地开始了。

自 2006 年 4 月日本给水管道管内 CCTV 调查协会成立以来，在许多人的努力下，给水管道 CCTV 调查的技术发展以及使用管道内窥摄像的调查已经在各个领域开展起来。大多数给水管道都埋在地下，不挖开就无法直接看到。然而，现在可以通过从消火栓和空气阀等地方插入摄像机来直接诊断管道内部。未来，该摄像机可用于各种情况下的诊断，例如在清洁管道内部前后的检查以及调查破旧的管道、新建造的管道。

即使最近的先进技术使水处理厂能够生产干净的水，但水的质量在作为运输路线的管道中也有可能恶化。此外，必须通过给水管道 CCTV 调查来评估管道的现状，以确定需要修复的管道。适当的管道维护对于安全和可靠的供水是必要的，必须定期检查管道的状况。

考虑到给水管道 CCTV 调查在日本各地区都有使用，这次编写的指南已经尽可能简明扼要地编制，希望它能用于各种管道的调查，包括未来许多供水公司的管道。

《给水管道 CCTV 调查指南》编写委员会　委员长

小泉明

2014 年 5 月

附录 A 调查报告书（例）

〇〇水务局公启

给水管道 CCTV 调查
业务委托
报告书

××××年××月
××××有限公司

报告书目录

1. 业务委托名

给水管道 CCTV 调查业务委托。

2. 业务目的

这项业务的目的是通过使用不断水摄像系统进行调查，确定给水管道中是否存在涂层、铁锈、沙子等异物，并根据管道中存在的异物的类型、形状、大小和附着沉积情况，为考虑管道修复工程提供基本数据。

3. 业务方法

业务方法如下所述。

（1）初步准备工作（会议和讨论等）

就开展调查所需的程序、工作方法等提交了一份施工计划，并得到了相关部门主管的批准。

（2）管道作业

与管道作业有关的项目，如消火栓的拆除和安装，是按照给排水工程的标准规范进行的。

（3）插入点锈瘤清除工作

在插入摄像机之前，使用适当的工具从消火栓的垂直管段上去除锈斑。在清除锈斑时，采取了措施，通过使用排水管等防止对附近的给水管道产生任何影响。

（4）管道内壁调查

将一台摄像机在不断水的同时插入安装在给水管道上的消火栓的垂直管段，拍摄并记录管道内的状况图像。

标准施工图、标准断面图如图 A-1、图 A-2 所示。

摄像头插入口
消火栓安装 单口或双口（仅本体）
消火栓拆除 单口或双口（仅本体）

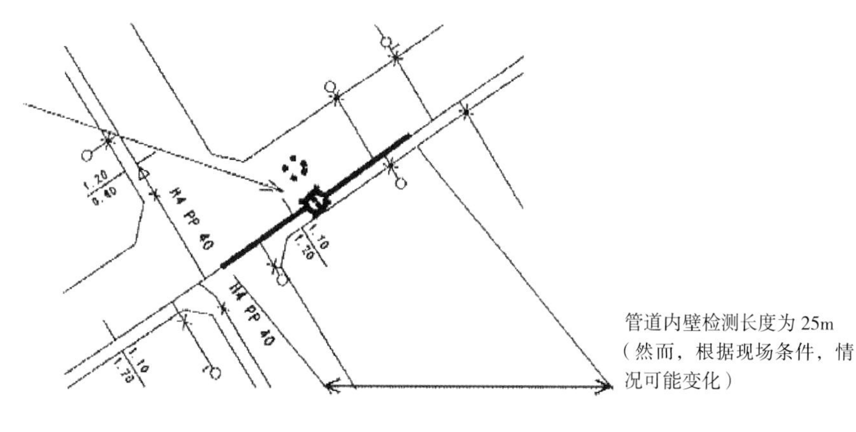

图 A-1 标准施工图（供参考）

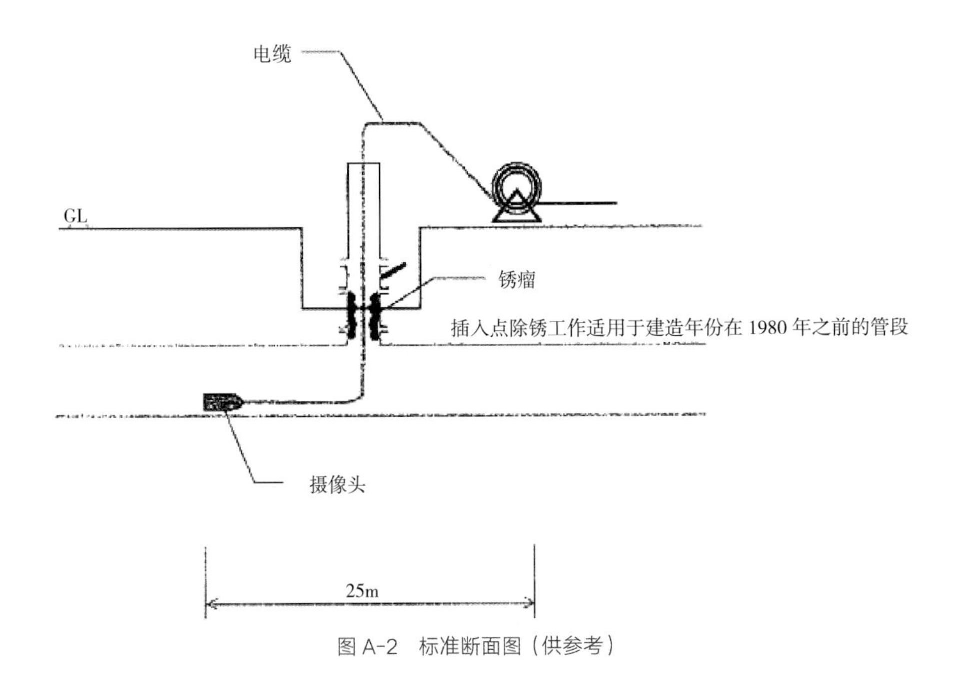

图 A-2 标准断面图（供参考）

1）该项业务所使用的摄影头和摄影电缆是专门为给水管道而设计的，摄影电缆的插入不会损害管道内壁。

2）以插入和收回摄影头时不损坏消火栓和输水管道的内壁为标准进行的作业。

3）调查和拍摄是在距离摄像机插入点上游 11.0m 和下游 10.8m 处进行的。

（5）给水管道 CCTV 调查的工作地点

1）调查位置：×× 市 ×× 区 ×× 街道 ×× 路 ×× 号。

2）给水管道调查对象（表 A-1）

给水管道调查对象　　表 A-1

铺设年份	管道种类	管径	插入口
1978 年	DCIP	100mm	消火栓

3）调查点位置图（图 A-3）

（6）调查点管线图（图 A-4）

（7）关于所使用的不断水摄像设备

1）概要

该设备是一种可以在不断水和加压条件下观察给水管道（输水管道、给水管道、配水管道等）情况的摄像装置，如图 A-5 所示，可以将摄像电缆穿过现有的地下消火栓或安装

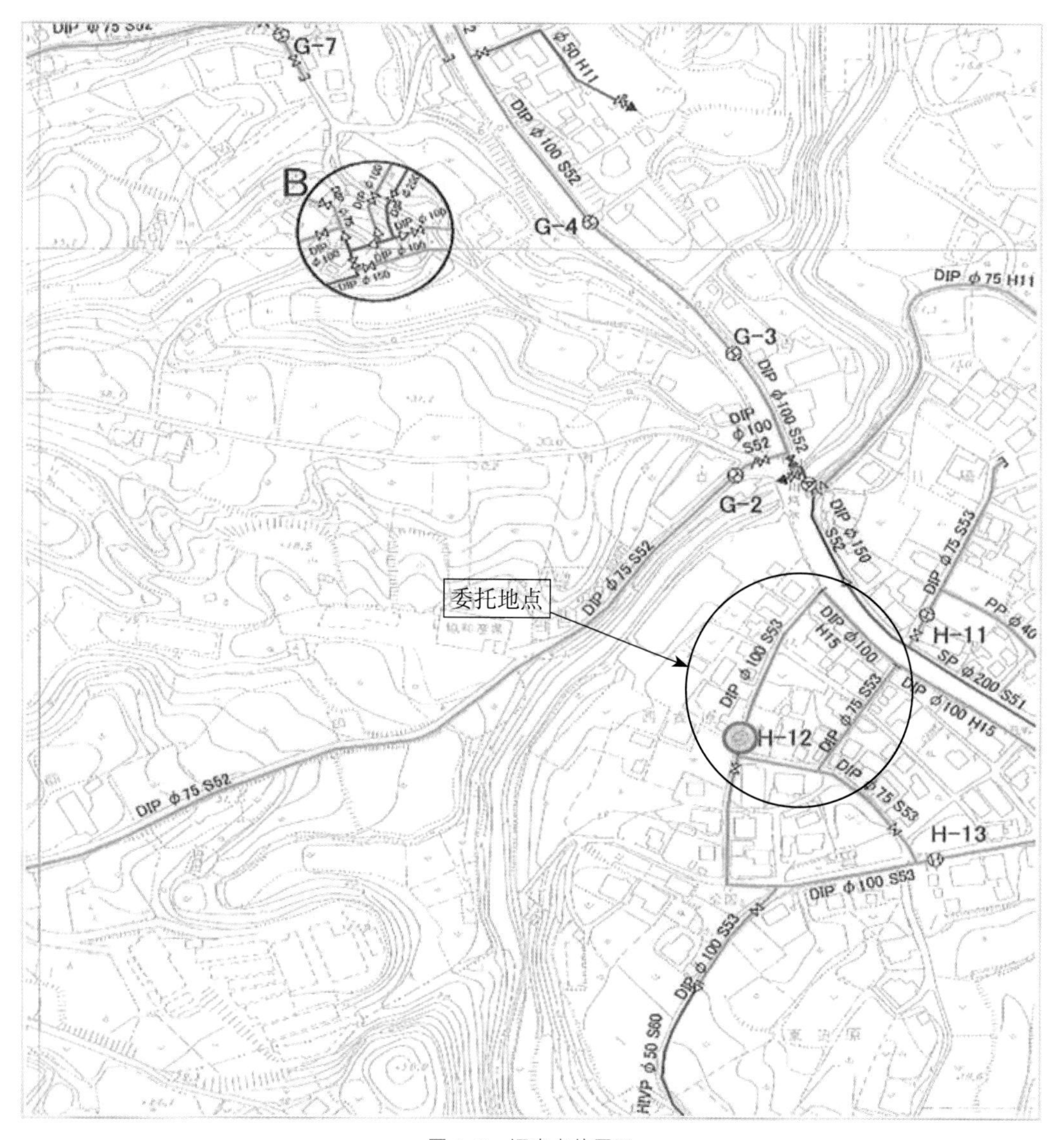

图 A-3 调查点位置图

在气动阀门下的球形维修阀等。

可以调查的项目有：是否存在铁锈、异物、水垢附着、油漆和内衬的劣化、管道接头和不规则形状的管道内壁的腐蚀以及阀门阀塞的状况等。

主要特征包括：

①能够在不断水和加压的条件下拍摄管道内部；

②插入可以用现有的地下消火栓和维修阀门，如空气阀；

③可在上游和下游各插入约 35m（实际插入距离取决于管道配置、管道内壁条件等）；

图例					
	调水阀（左闭式）		总仪表		FRP 储水箱
	调水阀（右闭式）		单向落水管		不锈钢储水箱
Ⓗ	地下式单口消火栓		管型、年度变更位置		聚乙烯储水箱
	地上式单口消火栓		管的交叉		止水阀
	附空气阀式消火栓	Ⓡ	减压阀		直连型止水阀
Ⓐ	空气阀		闸阀	○	13mm 仪表
	吐泥阀		储水槽	●	20mm 仪表
Ⓟ	水泵		PC 储水箱		25mm 以上仪表
DCIP(A)	球磨铸铁管 A 形接口	GP	亚铅电镀钢管	VP	聚氯乙烯管
DCIP(T)	球磨铸铁管 T 形接口	PCP	预应力混凝土管	V-00	调水阀编号
DCIP(K)	球磨铸铁管 K 形接口	HIVP	耐冲击性硬质聚氯乙烯管	D-00	吐泥阀编号
DCIP(SⅡ)	球磨铸铁管 SⅡ形接口	SP	涂装钢管	H-00	消火栓编号
CIP	铸铁管	PP	聚乙烯管	A-00	空气阀编号

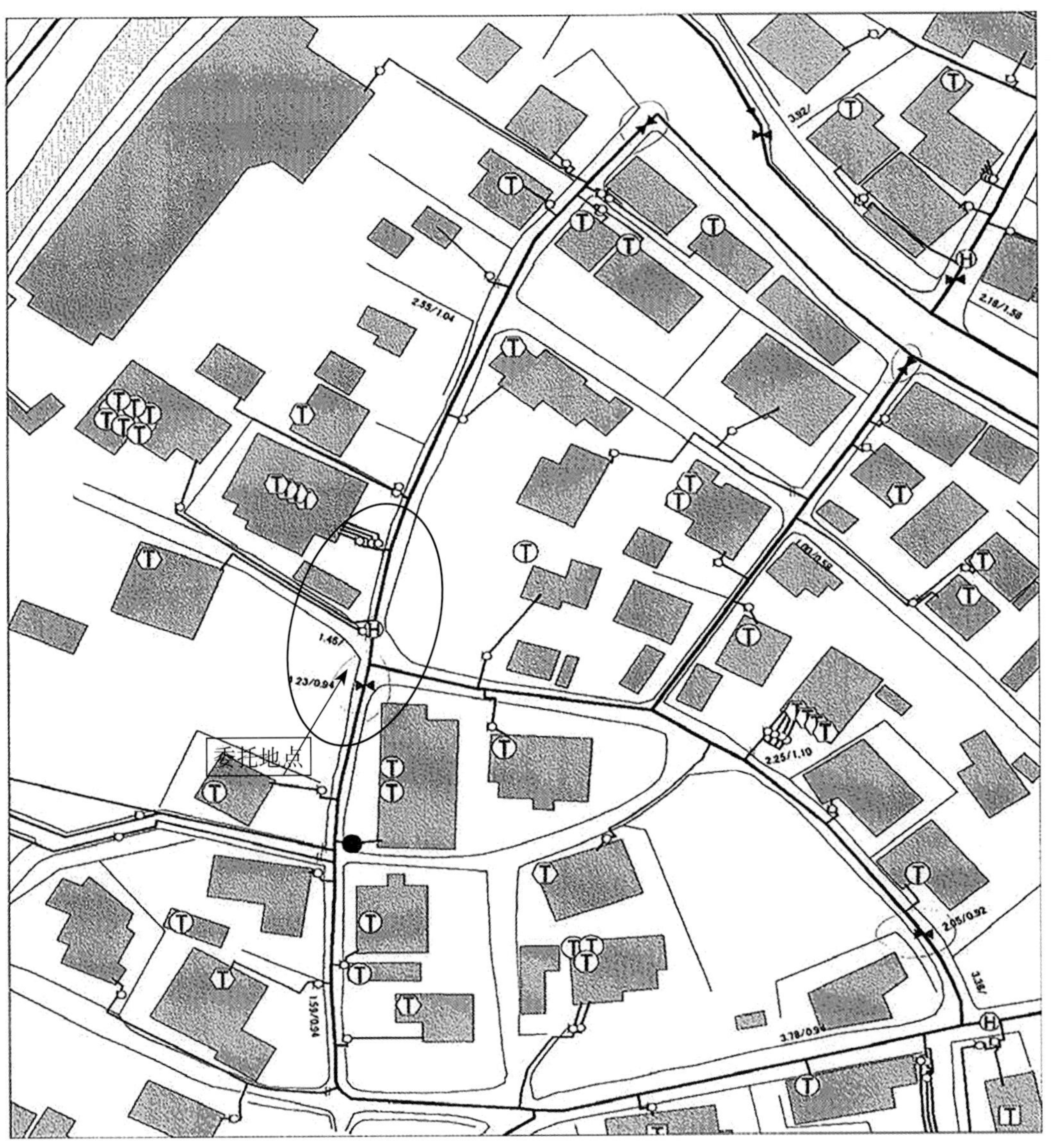

图 A-4　调查点管线图

④即使在没有插入点的情况下，也可以通过鞍形分流（Φ50mm）插入；
⑤抗水压力为 1MPa；
⑥目标公称直径大于等于 100mm；
⑦调查的管道包括铸铁管、钢管、聚氯乙烯管、输水用聚乙烯管等；
⑧在全日本 42 个县的 4000 多个调查实例（截至 2011 年 2 月）；
⑨登载在由日本水道协会出版的《2006 年给水管道维护和管理指南》中。

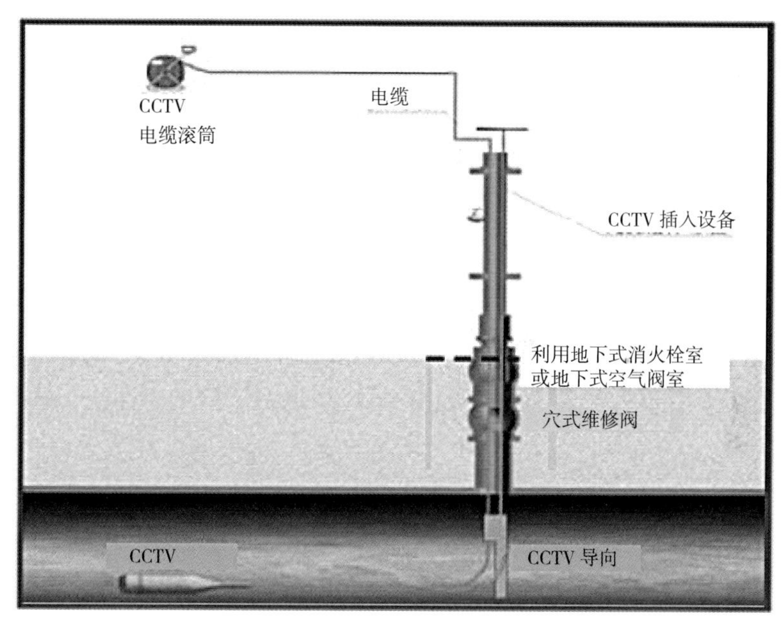

图 A-5 使用不断水摄像机进行调查的示意图
（来源：日本水道协会出版的《2006 年给水管道维护和管理指南》）

2）卫生性

已考虑到以下因素，因此认为该设备的卫生没有问题。

①沾水材料

选择和使用卫生性较好的材料（表 A-2）。

使用的沾水材料情况 表 A-2

沾水部件	材料
法兰盘	SUS304（不锈钢）
插入轴	SUS304（不锈钢）

续表

沾水部件		材料
安装体		SUS304（不锈钢）
摄像头进给器		SUS304（不锈钢）
摄像机电缆		ETFE（氟树脂）
摄像头	机身、螺丝	SUS304（不锈钢）
	照明灯罩	PC（聚碳酸酯树脂）
	镜片	玻璃
	缓冲部	POM（DURACON）

②沾水部件的消毒

在调查前，用10ppm的次氯酸钠溶液（约为自来水浓度的100倍）对沾水部件进行消毒，然后将其插入管道中。

③实例

到目前为止，已经进行了4000多次管内调查，从来没有发生任何问题。

④在《2006年给水管道维护和管理指南》上登载

该系统在日本水道协会出版的《2006年给水管道维护和管理指南》中被登载为“不断水内窥镜调查系统”，现在被认为是调查管道内壁的有效方法之一。

3）CCTV技术认证

2007年11月，取得了日本给水管道管内CCTV调查协会的认证。

※ 技术认证CCTV：给水管道用不断水CCTV NQ型（日本水机调查制）。
给水管道用不断水CCTV NP型（日本水机调查制）。

4. 调查

（1）概要

1）调查对象管路

①管道种类：DCIP；

②内壁规格：砂浆内衬（直管段），无内衬（异形管段）；

③公称直径：Φ100mm；

④铺设年份：1978年；

⑤埋设年限：32年。

2）使用的摄影设备型号

给水管道用不断水 CCTV NQ-15（短距离型 11m）。

3）调查方向（图 A-6）

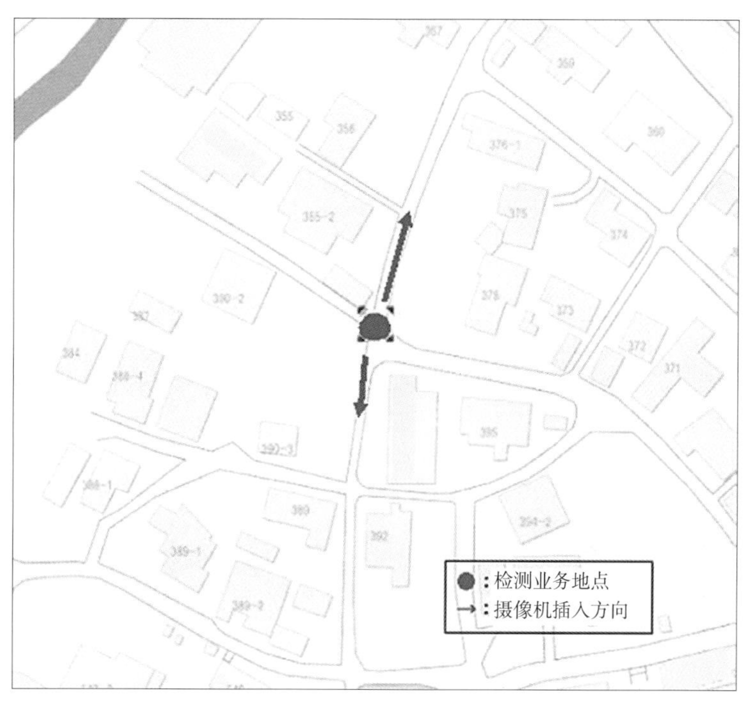

图 A-6　调查方向图

4）调查状况照片

有关调查情况的照片，请参见单独编制的施工照片册。

（2）调查结果（图 A-7~ 图 A-12）

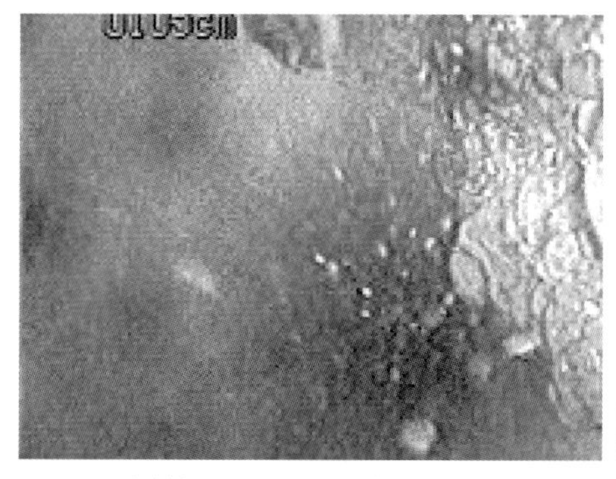

图 A-7　直管部分——检查锈瘤在管道上生长情况

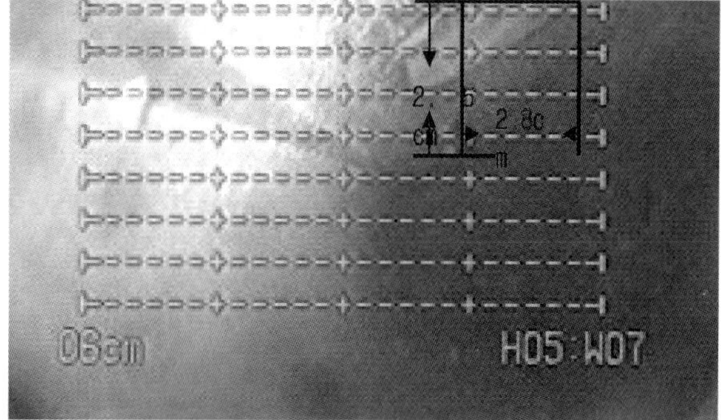

图 A-8　直管部分——锈瘤的测量

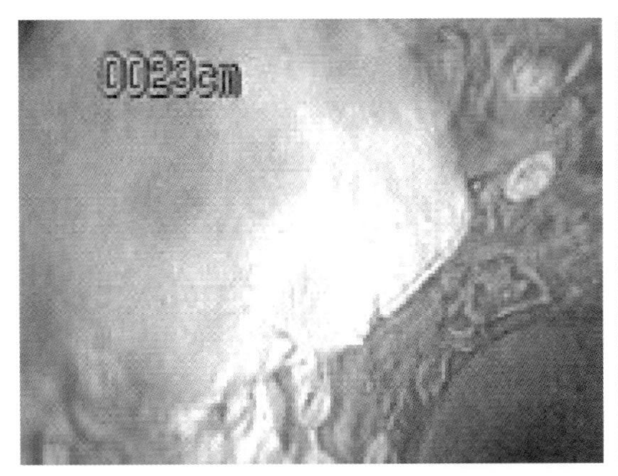

图 A-9　在通过 T 形接口部分的堵塞物

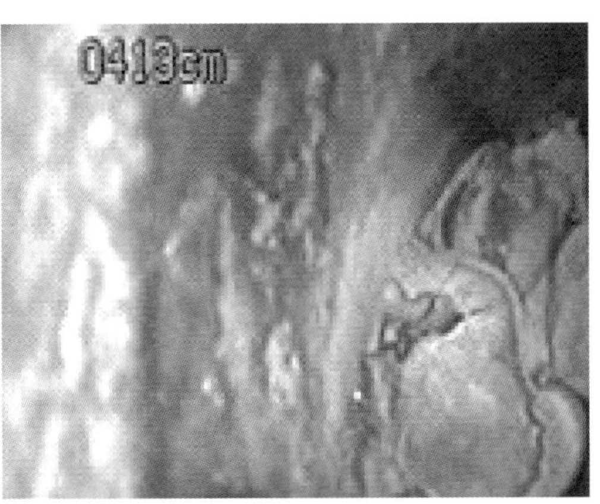

图 A-10　Φ100×100 分叉处的锈瘤

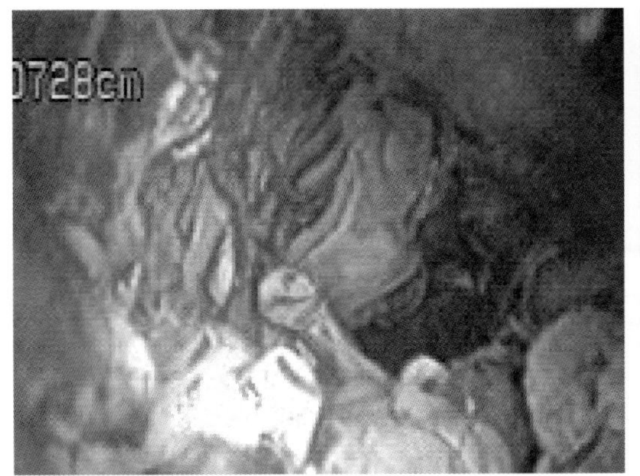

图 A-11　阀门内部——发现由锈瘤造成的堵塞

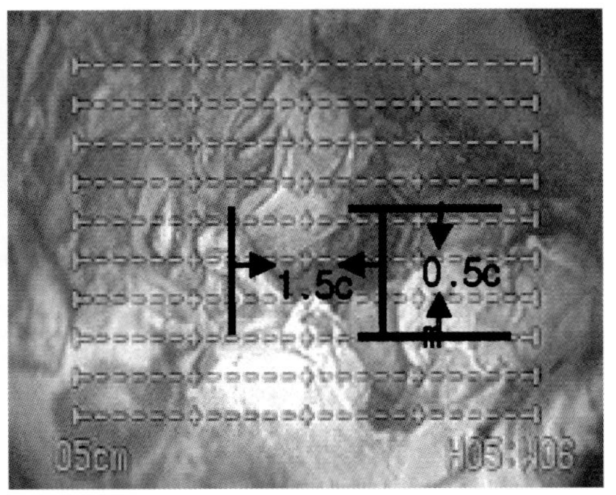

图 A-12　阀门内部——测量堵塞状况和开口

（3）总结

1）管道内壁的劣化情况（表 A-3）

管道内壁的劣化情况　　表 A-3

检测点	检测结果的概要
直管部	上游和下游的砂浆内衬被发现有涂层的剥落并沉积在管道底部的现象； 在下游鞍形分水龙头穿孔的正下方观察到了锈瘤，由于锈瘤，钻屑已经生长并附着在上面
T 形管部	管道内壁观察到许多锈瘤
管连接部	在上游的管道端面没有观察到锈迹； 下游的管道接头与异形管相连，无法确认是异形管还是接头上的锈瘤

2）夹杂物的存在情况（表 A-4）

夹杂物的存在情况 表 A-4

夹杂物的种类	调查结果的概要
锈等涂层碎片	观察到铁锈和密封涂层的沉积，主要在直管的底部
管内附着物的量	锈迹和密封涂层附着在管壁，形成一个薄层

下篇

给水管道 CCTV 诊断评估指南

第 8 章 给水管道 CCTV 调查概述

8.1 给水管道现状和计划性修复需求

根据给水管线统计，超过法定使用寿命的给水管道比例从 2007 年的 6.3% 增加到 2017 年的 16.3%，预计未来将进一步增加。

另一方面，管道每年的修复率从 2007 年的 0.94% 下降到 2017 年的 0.70%，表明修复的预算没有跟上修复需求的增长（图 8-1）。

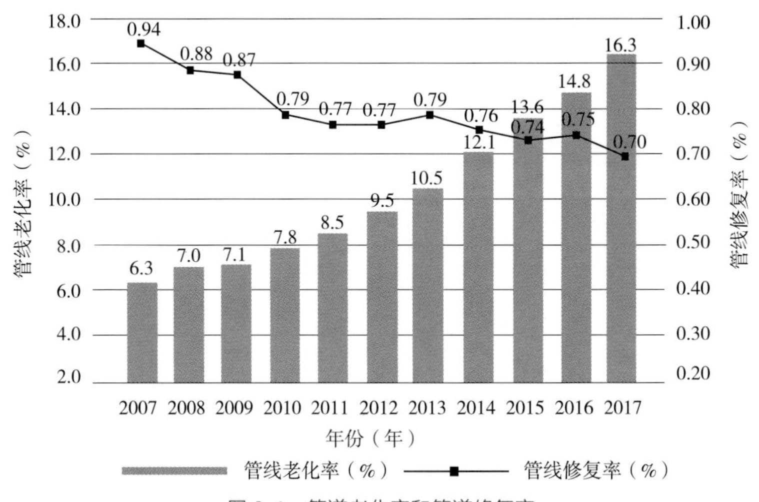

图 8-1 管道老化率和管道修复率

（来源：给水管道统计，日本厚生劳动省，日本给水管道相关负责人会议资料）

注：1. 终端给水项目和市政给水项目都包括在图内。

2. 管道老化率是指超过法定使用年限的管道长度占管道总长度的百分比，表明管道的老化程度。

3. 管道修复率是指在相关年份修复的管道长度的百分比，表明管道修复的速度和状况。

出于这个原因，为了确保未来给水设施的持续稳定的经营，需要对资产进行管理。为此，管线数据的收集整理、通过日常养护检查管线的健康运行情况，并根据这些数据对管道进行系统性的修复是至关重要的。

$$\text{管道老化率（\%）}=\frac{\text{超过法定使用年限的管道长度}}{\text{管道总长度}}\times 100\% \tag{8-1}$$

$$管道修复率（\%）=\frac{当年度修复的管道长度}{管道总长度}\times 100\% \qquad (8\text{-}2)$$

8.2 管道 CCTV 调查是对给水管道的健康诊断

管道 CCTV 调查相当于人类健康检查时进行的胃镜或内窥镜检查。根据管线履历定期诊断，通过管道 CCTV 调查，对预测存在问题的部位和路线进行确认，从而采取清洗或修复等适当的措施，称为给水管道的健康诊断（图 8–2）。

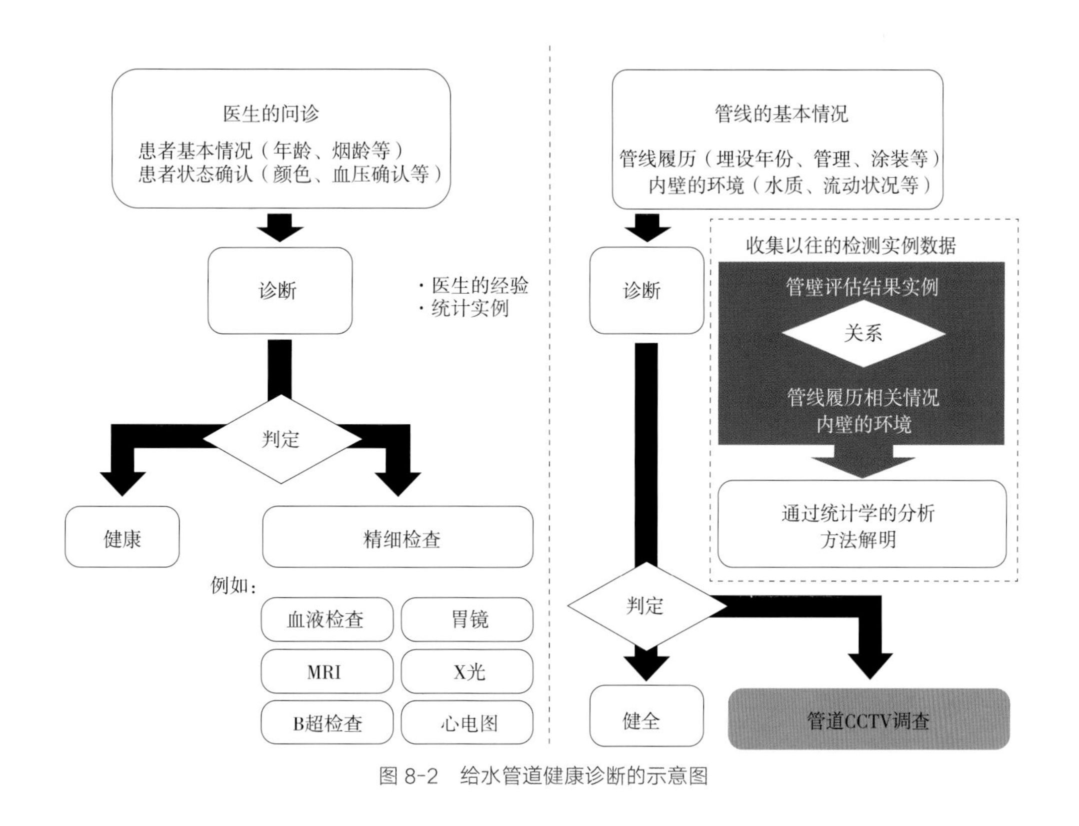

图 8-2 给水管道健康诊断的示意图

对给水管道进行健康诊断，制定适当的修复计划，实现有效利用预算进行有计划的修复。

8.3 管道 CCTV 调查的趋势和结果

管道 CCTV 调查，是对使用中的给水管道内部情况，在不停水的情况下从既有设备直接观察的调查方法。它不仅被用作管道修复计划，而且还被用于日常养护管理和施工管理，以及检查地震破坏情况，被日本全国各地的供水公司广泛使用（图 8-3）。

自 2006 年日本给水管道管内 CCTV 调查协会成立以来，采用管道 CCTV 调查的工作点已达 5400 个，调查实例正逐年增加。

图 8-3 调查工作现场

第 9 章 给水管道 CCTV 调查流程

以下是进行管道 CCTV 调查工作时应遵循的流程，以及每个流程中应考虑的要点。

9.1 调查计划

（1）委托方将提供关于计划内容的说明，并应彻底检查。

（2）使用经协会认证的 CCTV 调查设备。认证铭牌在显示器的背面。

（3）指派已完成给水管道 CCTV 培训课程的人员（图 9-1）。

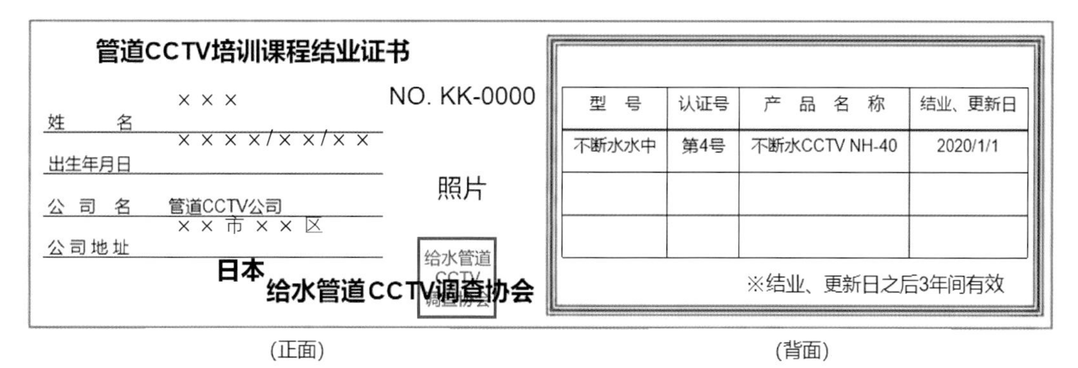

管道CCTV培训课程结业证书

NO. KK-0000

姓 名 ×××

出生年月日 ××××/××/××

公 司 名 管道CCTV公司

公司地址 ××市××区

照片

日本
给水管道CCTV调查协会

给水管道CCTV调查协会

(正面)

型 号	认证号	产 品 名 称	结业、更新日
不断水水中	第4号	不断水CCTV NH-40	2020/1/1

※结业、更新日之后3年间有效

(背面)

图 9-1 管道 CCTV 培训课程结业证书

（4）确认消火栓和空气阀是否适用于调查。检查 CCTV 调查孔（图 9-2）是否是球形的，是否能正常工作。如果没有合适的调查孔，就另外在不停水情况下安装一个新的调查孔。

（5）应注意确保调查孔的直径在 50mm 以上。

图 9-2 CCTV 调查孔（球形维修阀）

9.2 现场调查

（1）安全措施

根据道路使用许可证的条件，部署安全设备和交通管理员（图 9-3）。

（2）拆除消火栓和空气阀

拆除消火栓和空气阀时，维修阀应完全关闭。

（3）组装插入装置

按照 CCTV 调查设备的操作说明正确组装（图 9–4）。

图 9-3　安全设备和交通管理员

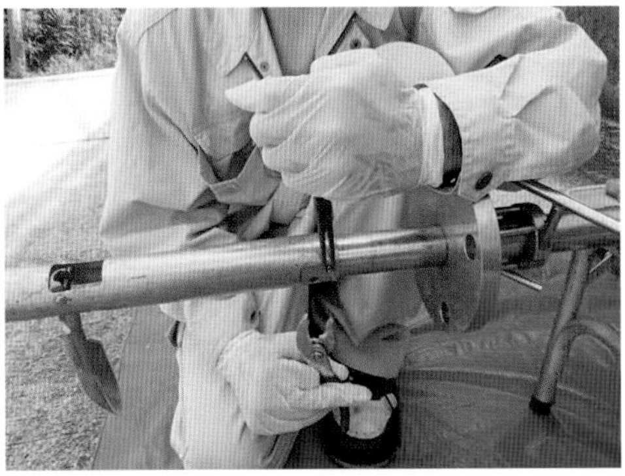

图 9-4　设备组装

（4）组装监视器和记录装置

确保监视器的图像被传输到记录设备（图 9–5）。

（5）推杆式 CCTV 和电缆的消毒

按照计划书中的描述，制作含氯消毒剂。使用喷雾器和橡胶手套进行消毒（图 9–6）。

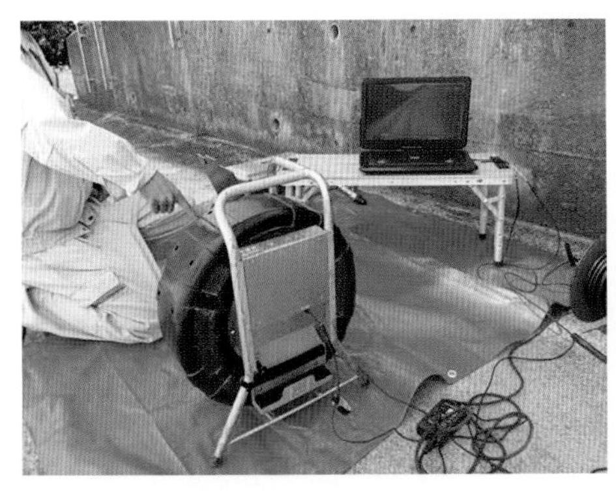

图 9-5　监视器检查

图 9-6　设备消毒

（6）安装摄像设备

在清洁完插入部分后，安装摄像设备（图 9–7）。在进行排水的过程中，要注意周围的情况。

（7）清除立管锈瘤

埋设年份较长的立管内壁由于没有进行防腐处理，在插入 CCTV 调查设备之前，应先用除锈剂进行除锈处理（图 9–8）。

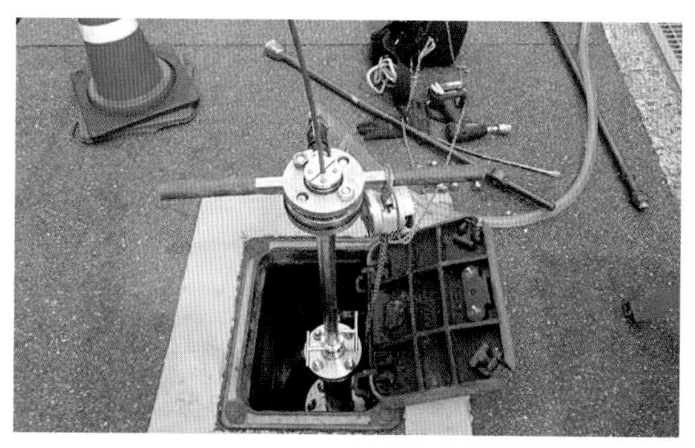

图 9-7 摄像设备的安装

图 9-8 锈瘤的清除工作

（8）开始调查

根据操作说明，将推杆式 CCTV 正确插入管道（图 9-9）。

（9）完成调查

将插入点恢复原状。在与监管人员协商后，必要时应更换垫片和螺栓螺母。

9.3 编写调查报告书

调查报告书（图 9-10）的编写应注意以下几点：

（1）报告中使用的静态图像应明确指出管道的直管或异形管段部位，以便掌握管道内部的情况。

（2）调查结果中，应对每个部位评估五种缺陷类型，并应配制原始的静止图像。

（3）利用管道内的视频图像，根据评估标准，对每个调查部位的管道老化情况进行评估。

图 9-9 进行管道 CCTV 调查

图 9-10 调查报告书示意图

第 10 章　给水管道评估方法

10.1　五种缺陷类型、五个等级评估

协会通过管道内壁诊断评估委员会的商议，对管道内壁的老化状况选择了以下五种缺陷类型进行评估。

（1）锈蚀状态；

（2）内壁附着物；

（3）内壁防腐层状态；

（4）沉积物；

（5）悬浮物。

对于这五种缺陷类型中的每一个，我们都制定了一个标准化的方法，根据老化的程度，将每种缺陷类型分为 S、A、B、C、D 五个等级来进行评估。

以下是对五个等级的描述，以及与每个等级相对应的管道老化的示例图像（参见案例 1）。

案例 1　管道内部缺陷等级

（1）锈蚀状态

锈蚀等级划分见表 10–1。S 表示没有生锈，D 表示生锈堵塞（目测堵塞率大于 30%），其余锈蚀状态按阶段分为 A、B、C。

锈蚀等级划分　　表 10–1

等级	锈蚀状态	管道内部影像	
S	没有确认生锈的状况	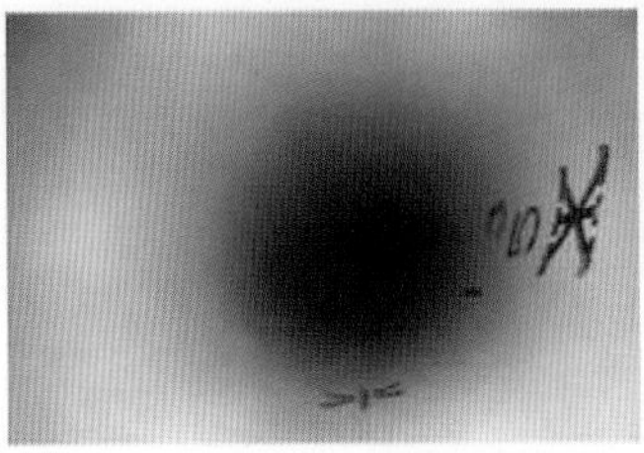	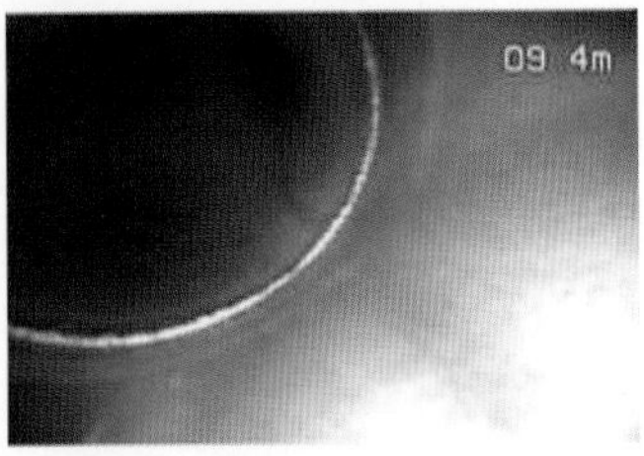

续表

等级	锈蚀状态	管道内部影像	
A	已确认生锈的状况	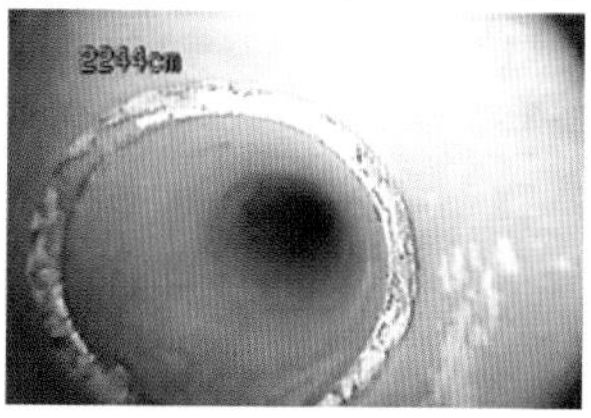	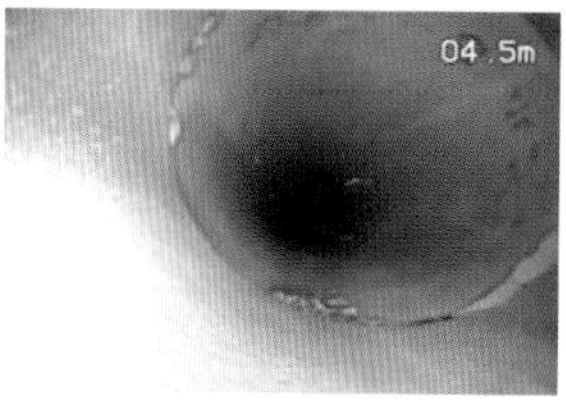
B	已确认锈蚀的凸起状况（锈瘤）	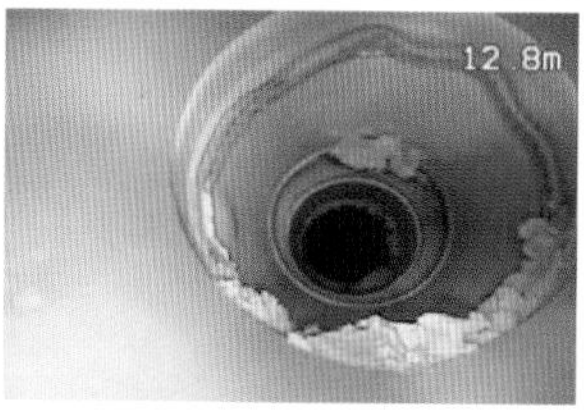	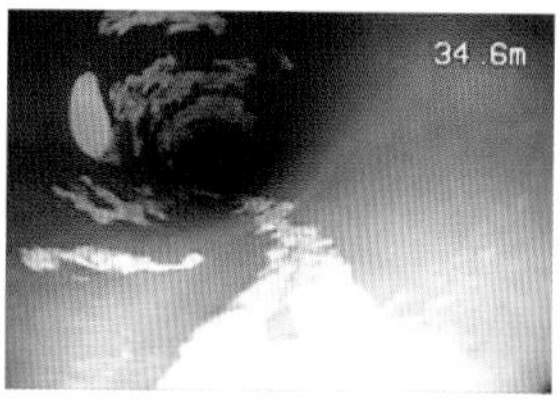
C	已发生锈蚀堵塞的情况（目测堵塞率小于 30%）	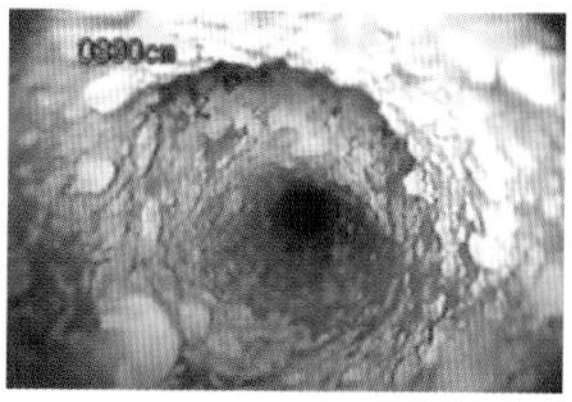	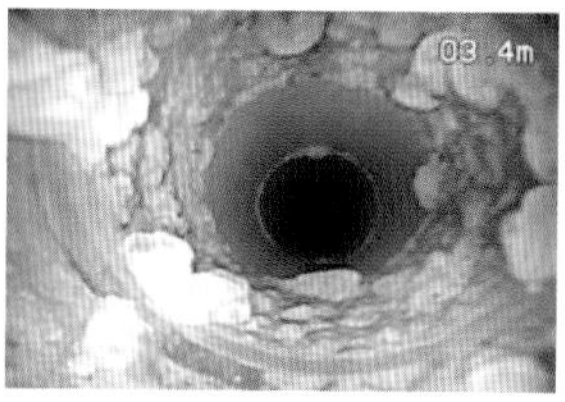
D	已发生锈蚀堵塞的情况（目测堵塞率大于 30%）	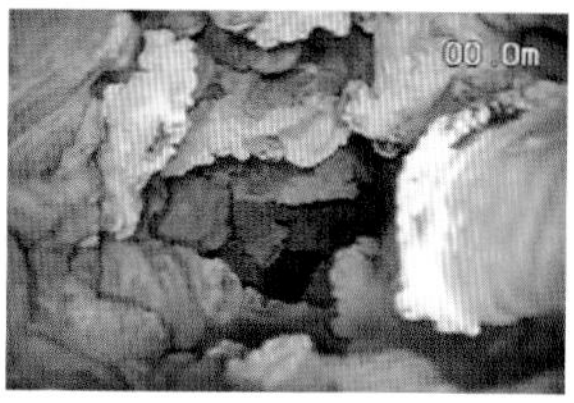	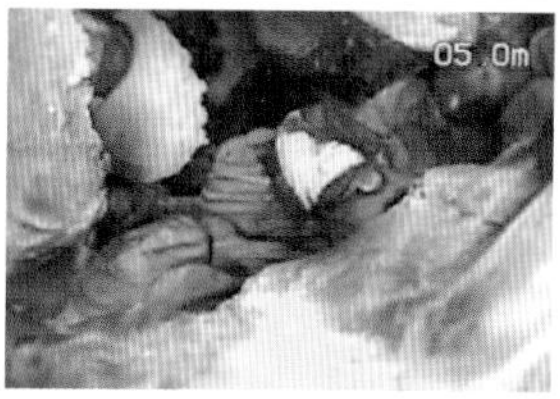

（2）内壁附着物

内壁附着物等级划分见表 10-2。S 表示管道内壁没有附着物，D 表示附着物在内壁形成了厚层，其余附着物状态按阶段分为 A、B、C。

内壁附着物等级划分　　表 10-2

等级	内壁附着物	管道内部影像	
S	没有附着物	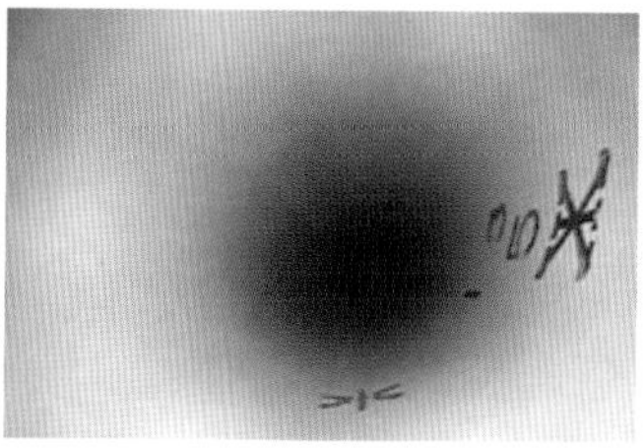	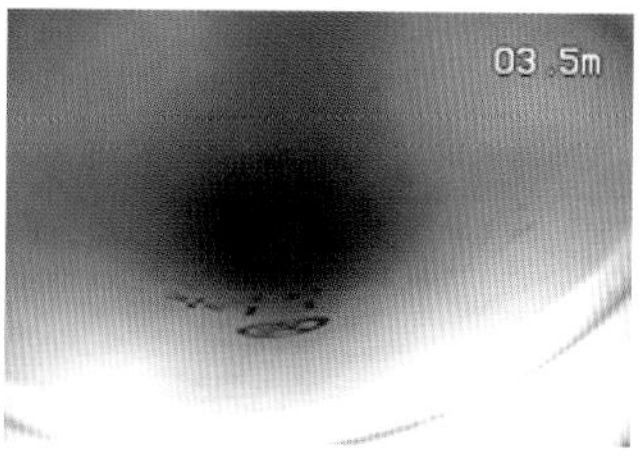

续表

等级	内壁附着物	管道内部影像	
A	能确认有少部分附着物	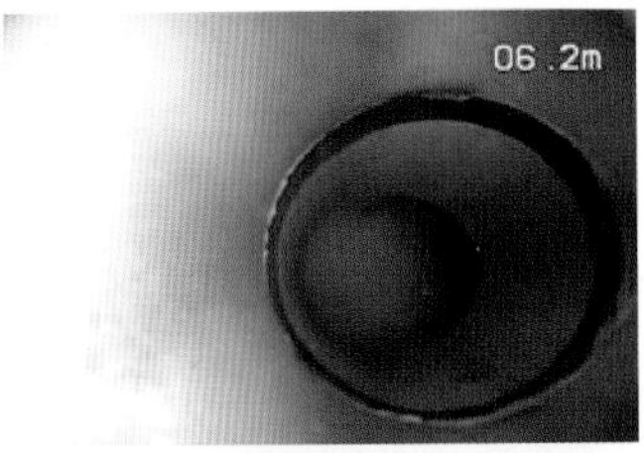	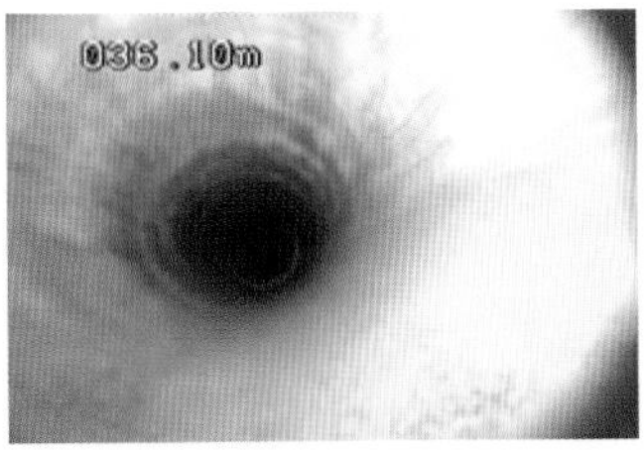
B	确认到管道内壁整体都有附着物	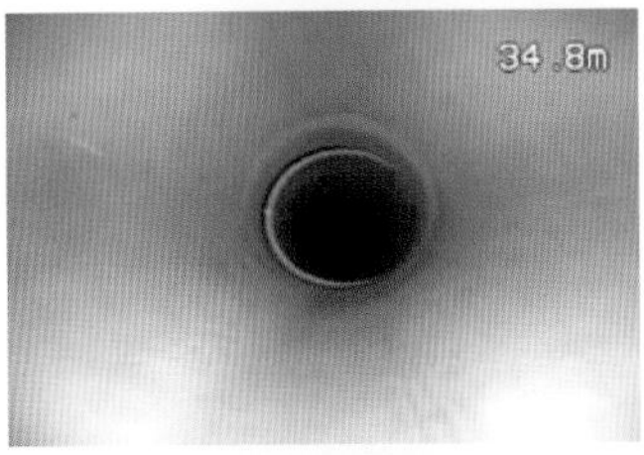	
C	附着物在管道内壁形成薄层	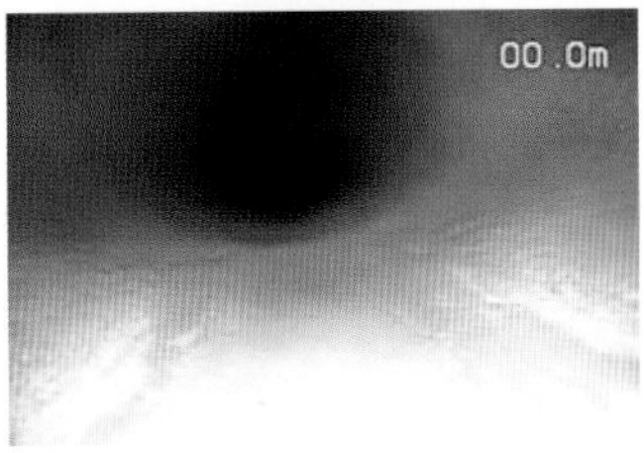	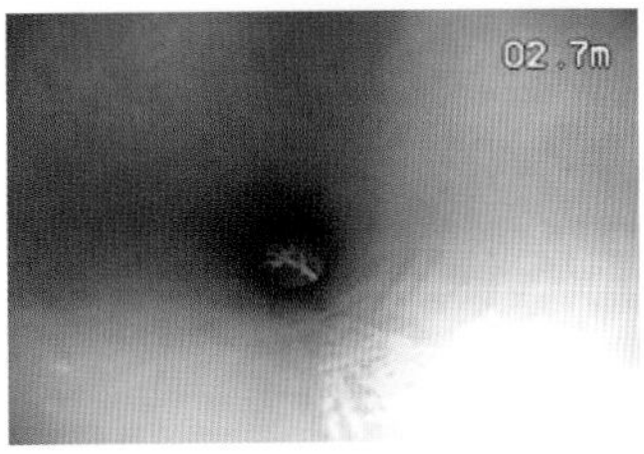
D	附着物在管道内壁形成厚层	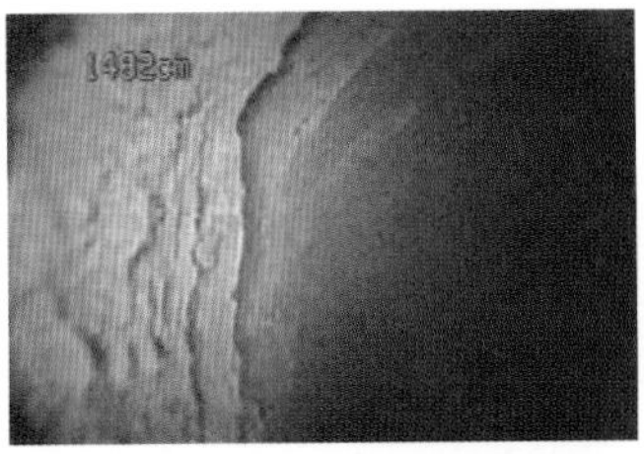	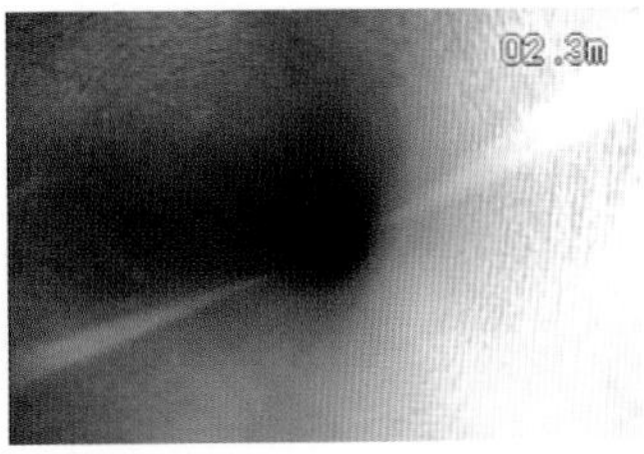

※ 在排名中，异形管等接口处由于锈瘤而造成堵塞的部位，评价为锈蚀附着“A”级。

（3）内壁防腐层状态

1）砂浆内衬

内壁防腐层状况（砂浆内衬）等级划分见表 10-3。S 表示指没有观察到剥落或其他问题的状况，D 表示指砂浆内衬脱落的状况，其他状况按阶段分为 A、B、C。

内壁防腐层状况（砂浆内衬）等级划分 表 10-3

等级	内壁防腐层状况砂浆内衬	管道内部影像	
S	没有剥落等问题	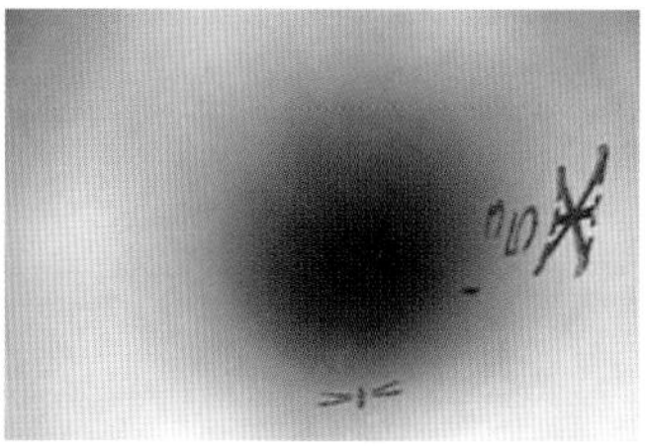	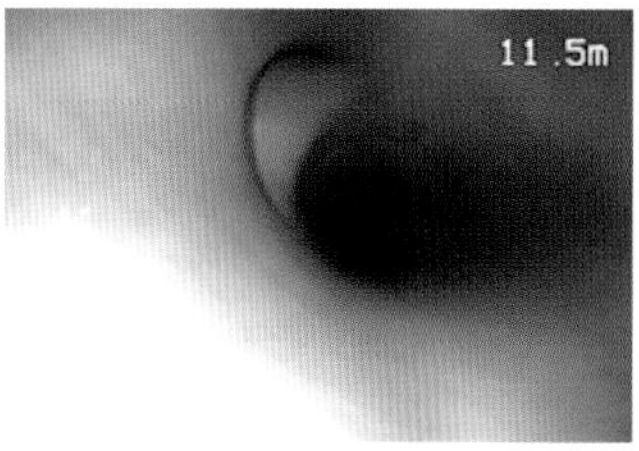
A	涂层在内衬上悬浮	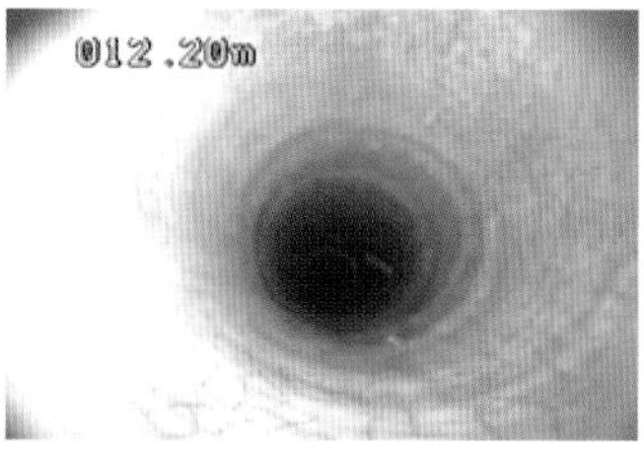	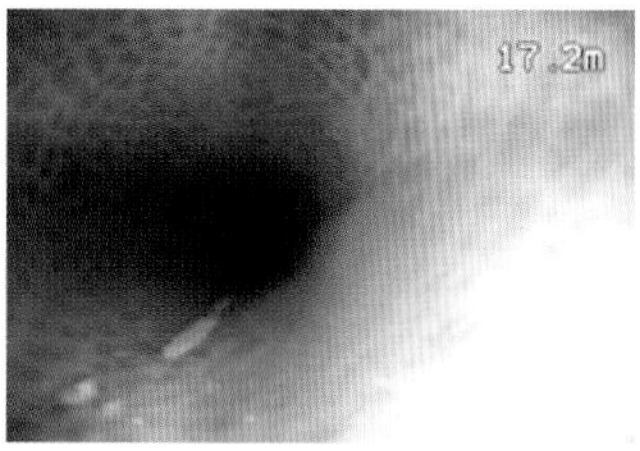
B	已确认涂层的剥落	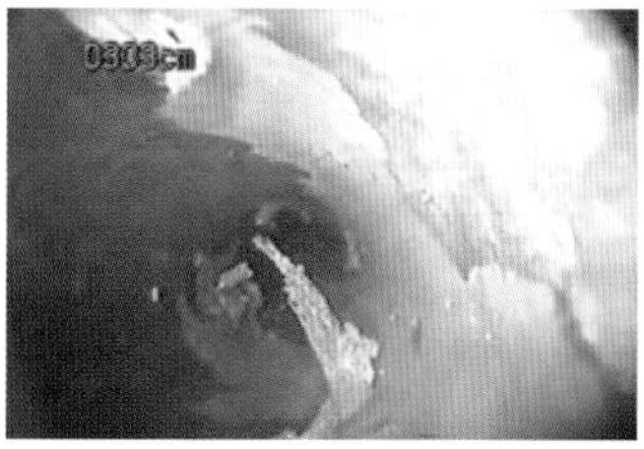	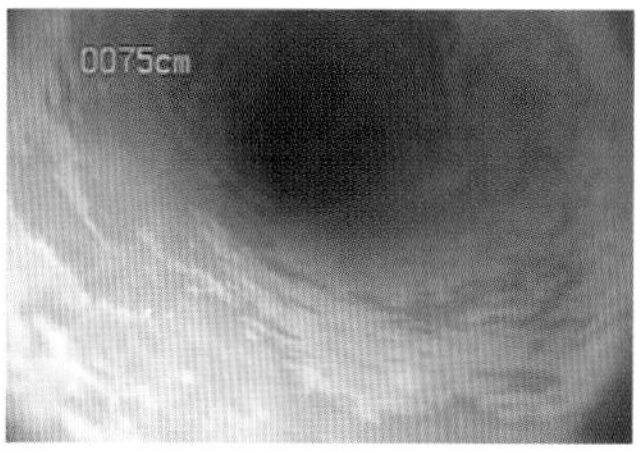
C	已确认砂浆内衬的表面劣化状况	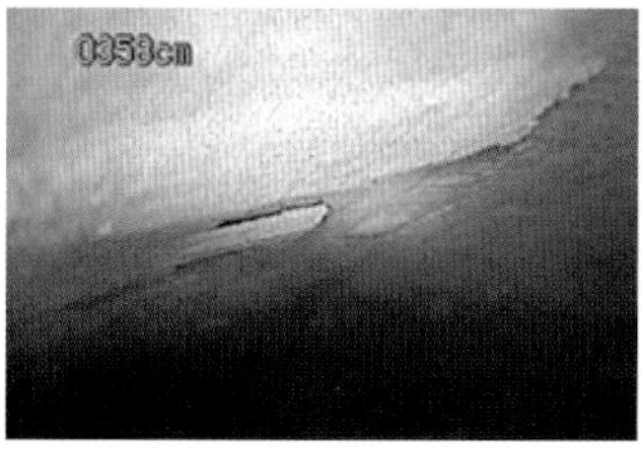	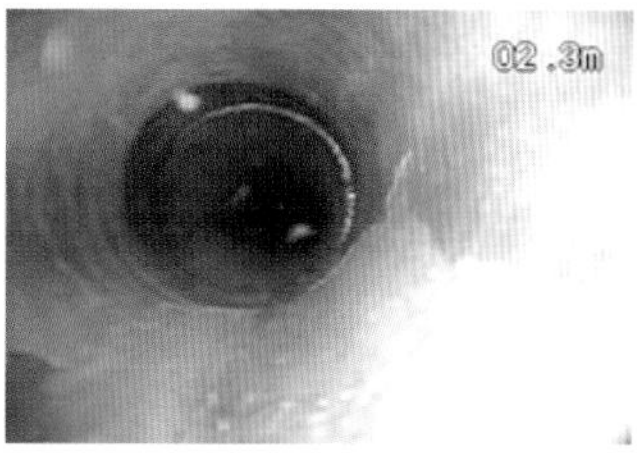
D	已确认砂浆内衬的剥落	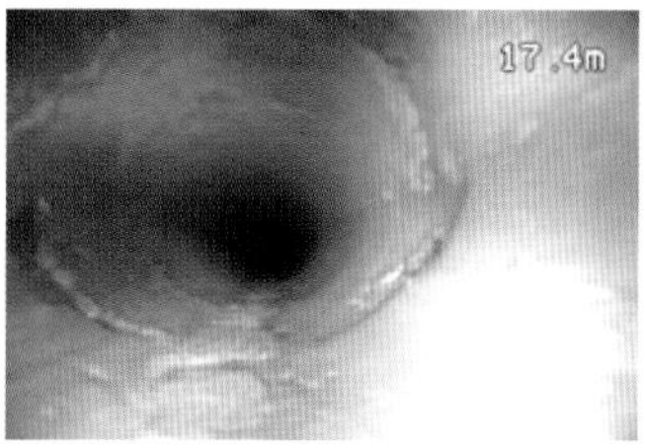	

2）除砂浆内衬以外（对象是环氧树脂粉末涂层和管端防腐涂层）

内壁防腐层状况（涂层）等级划分见表 10-4。没有观察到涂层脱落等的状态被定为 S，涂层已经脱落并形成锈蚀的状态被定为 D，部分涂层已经脱落并形成锈蚀的状态被定为 B。由于存在无法判断状态的阶段，A 和 C 级被留为空白。

内壁防腐层状况（涂层）等级划分 表 10-4

等级	内壁防腐层状况各种涂层	管道内部影像	
S	没有脱落等问题	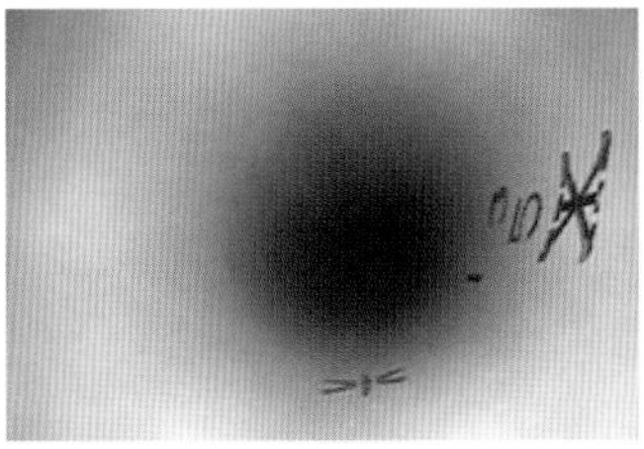	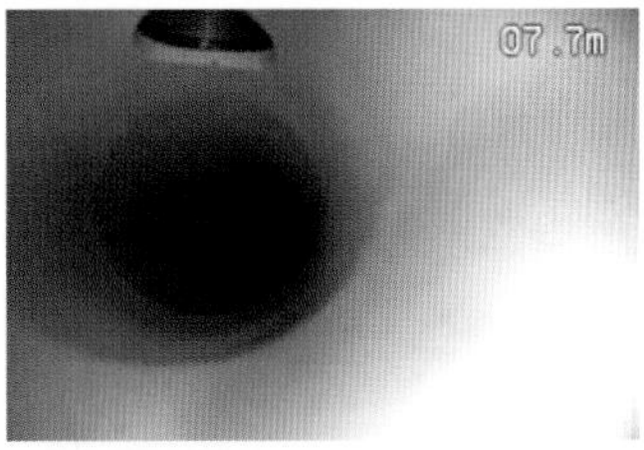
A	空栏		
B	涂层的一部分脱落且有锈蚀状况	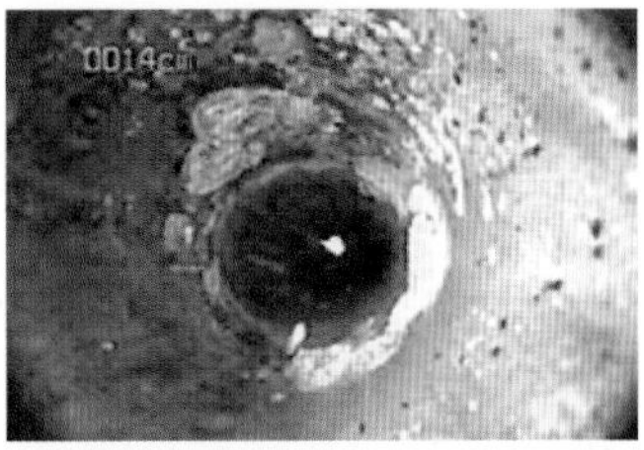	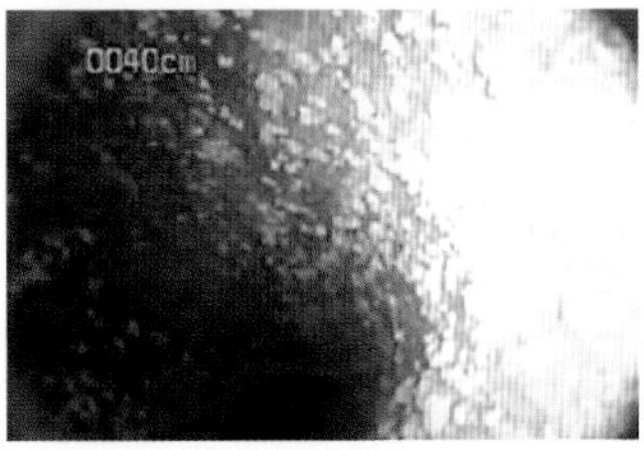
C	空栏		
D	涂层整体脱落且有锈蚀状况	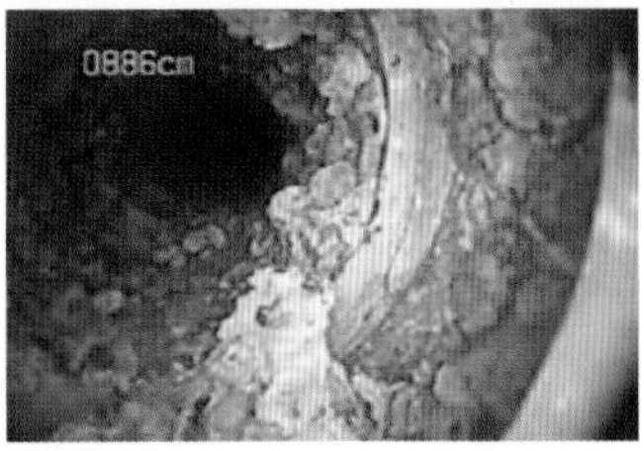	

※ 在排名中，对于异形管等由于锈瘤而造成的堵塞部位，评价为涂层已经脱落“D”级。

（4）沉积物

沉积物状况等级划分见表 10-5。S 表示没有沉积物的状态，D 表示由于沉积物太多造成无法进行 CCTV 调查的状态，其余沉积物状态按阶段分为 A、B、C。

沉积物状况等级划分 表 10-5

等级	沉积物	管道内部影像	
S	没有沉积物	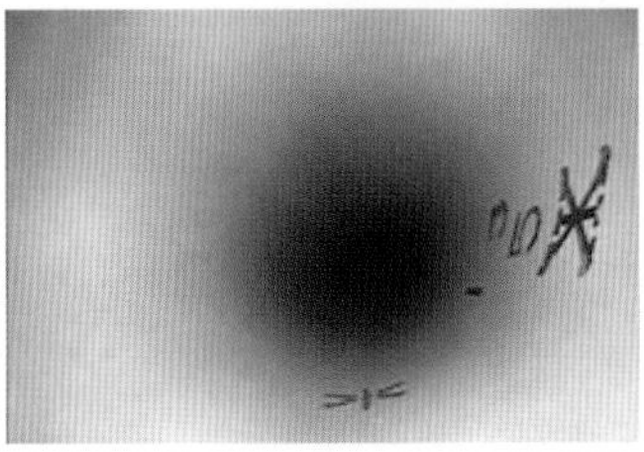	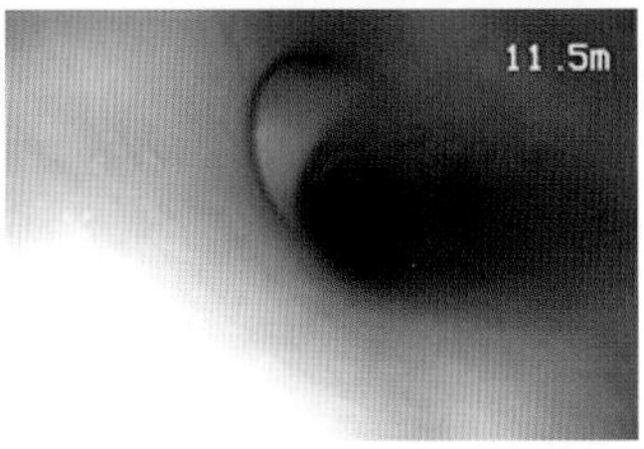

续表

等级	沉积物	管道内部影像	
A	确认到铁锈、沙子、石头等异物存在	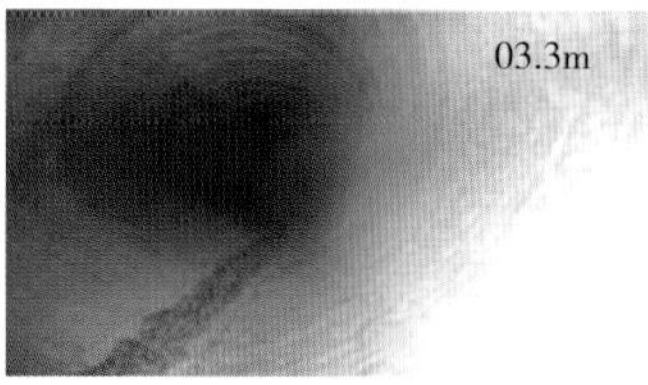 03.3m	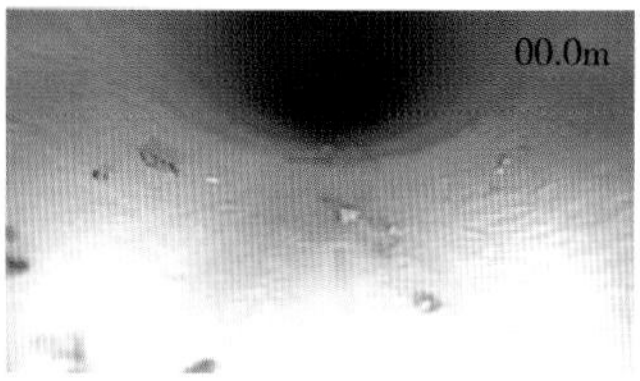 00.0m
B	确认到有部分铁锈、沙子、石头等异物沉积的状况	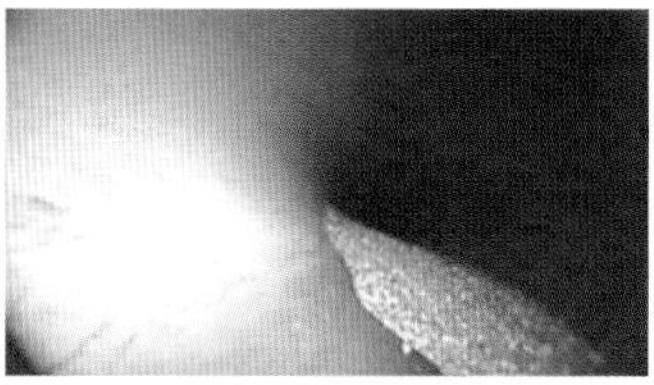	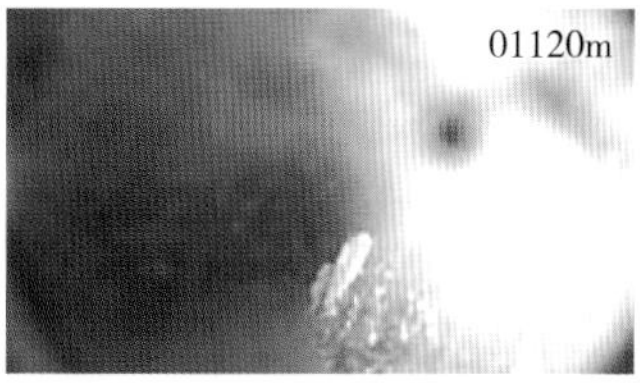 01120m
C	确认到大范围铁锈、沙子、石头等异物沉积的状况	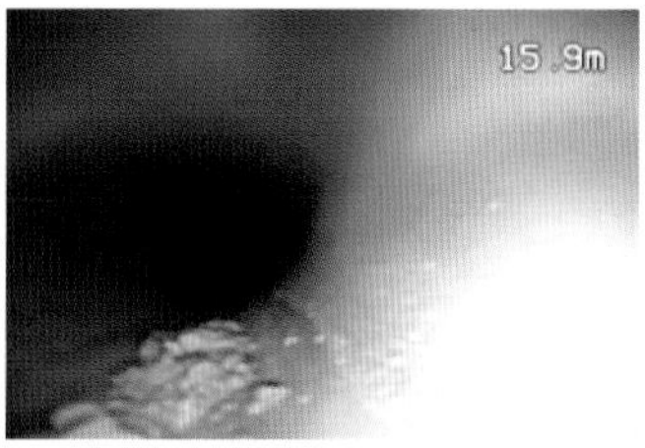 15.9m	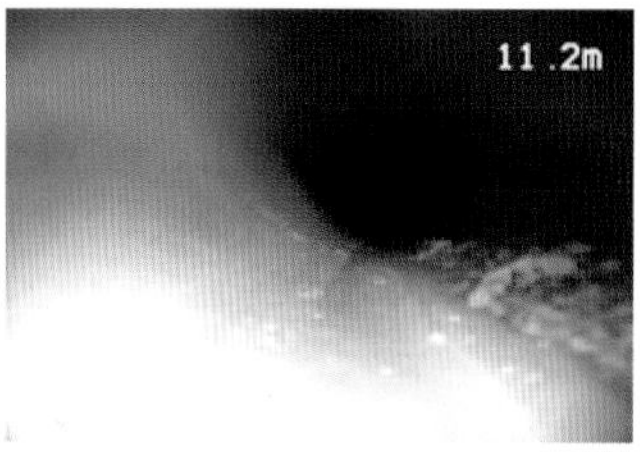 11.2m
D	由于沉积物太多导致 CCTV 被埋没无法继续调查	 000.00m	 001.55m

(5)悬浮物

悬浮物状况等级划分见表 10-6。S 表示看不到悬浮物的状态，D 表示由于悬浮物造成能见度太低而无法进行 CCTV 调查的状态，其余悬浮物的状态按阶段分为 A、B、C。

悬浮物状况等级划分 表 10-6

等级	悬浮物	管道内部影像	
S	没有确认到悬浮物	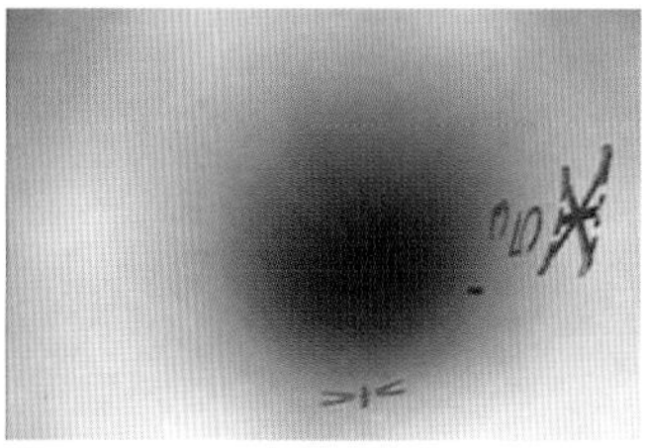	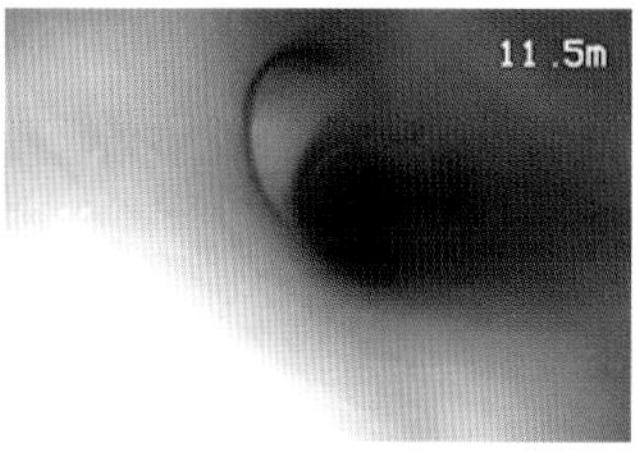 11.5m

续表

等级	悬浮物	管道内部影像	
A	偶尔能确认到悬浮物	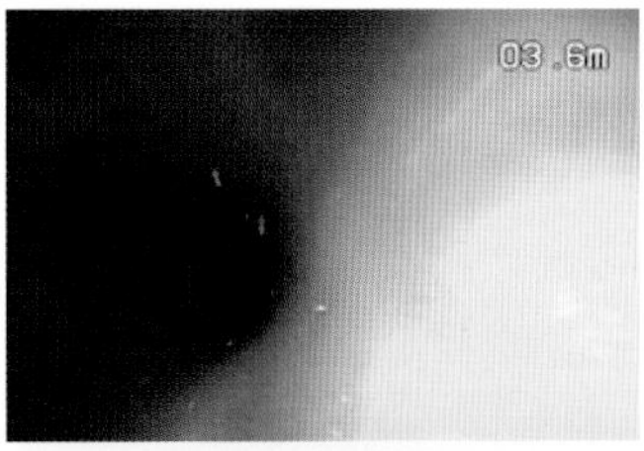 03.6m	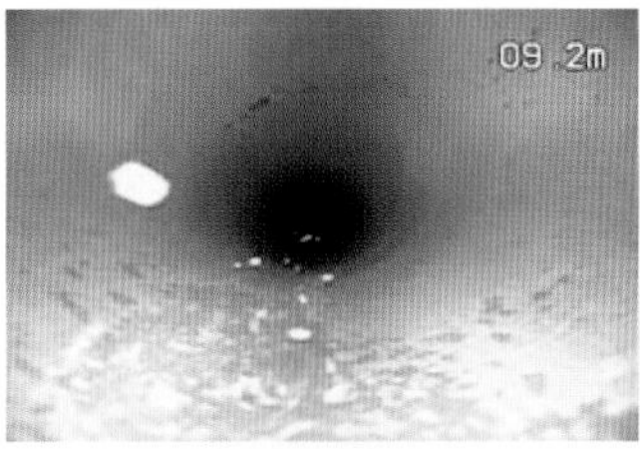 09.2m
B	经常能确认到悬浮物	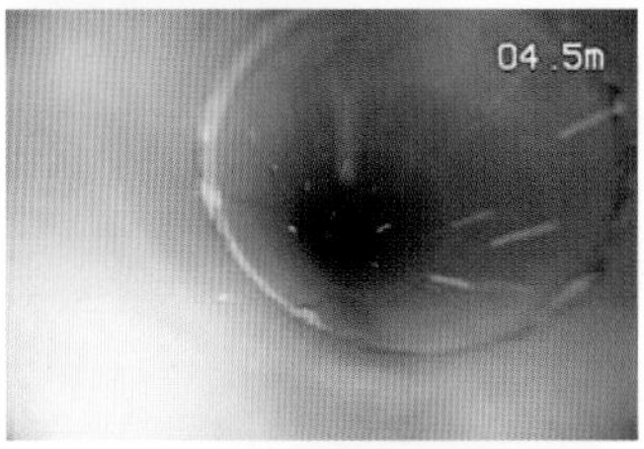 04.5m	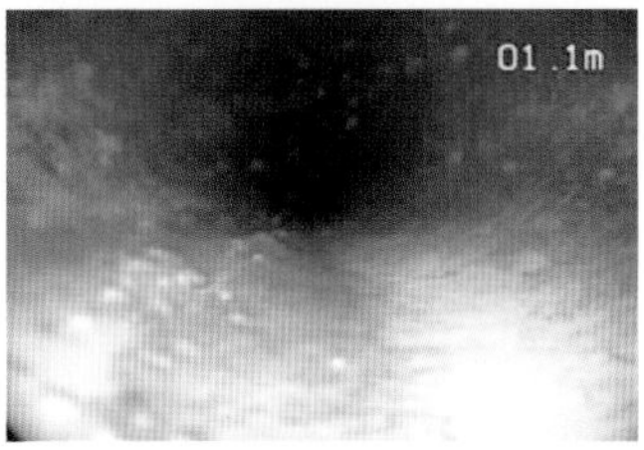 01.1m
C	经常能确认到大量的悬浮物	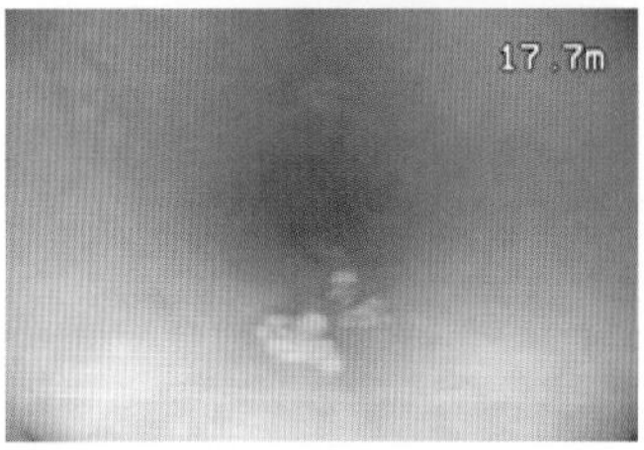 17.7m	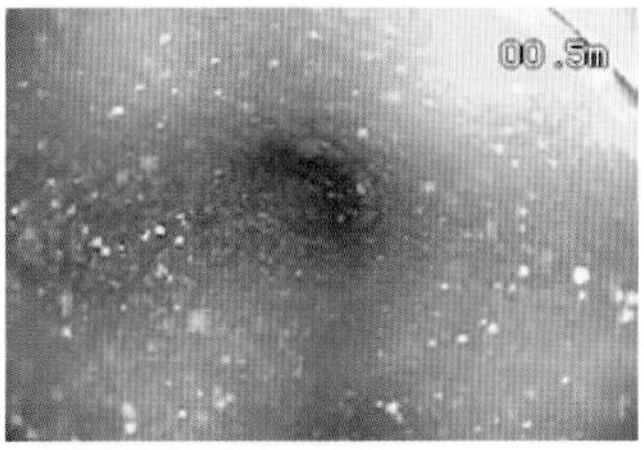 00.5m
D	由于悬浮物太多导致能见度太低而造成 CCTV 无法继续调查	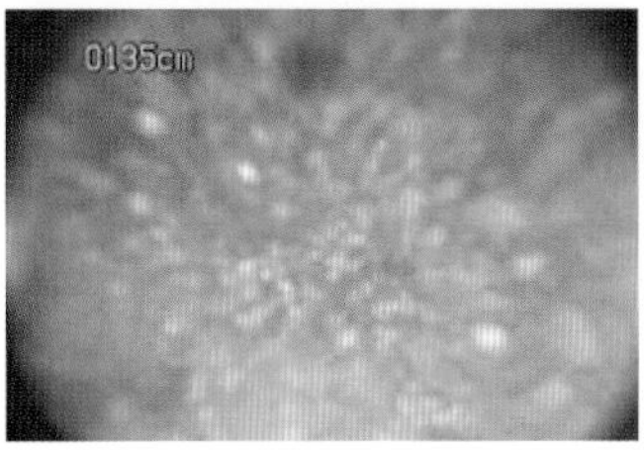 0135cm	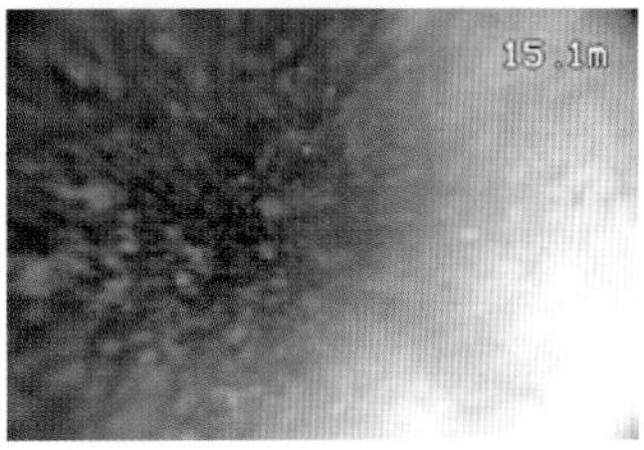 15.1m

10.2 评估标准

即使同一个调查部位，由于状况不同评估也会不同，因此，需以调查管道的线路为整体进行评估。应采取以下措施进行评估：

（1）将调查部位分为上游和下游，对应五种缺陷类型，添加老化程度最严重的部位以及能够辨明老化程度的静止图片，客观地表现老化情况（参见案例 2），客观地评估实例（参见案例 3）。

（2）以调查部位的线路为整体，分别对五种缺陷类型和五个等级进行评估，并说明理由（参见案例 4）。

（3）调查项目的评估是由参与过给水管道相关实践工作或参加过协会举办的技能培训课程的人员根据相同的标准进行的。

案例 2 调查结果表

（1）调查地点 1

1）调查对象为给水管道。

①管道种类：球磨铸铁管（DIPA 型）；

②内壁涂层：砂浆内衬（竖直管段）；

③管径：Φ100mm；

④埋设年份：1985 年。

2）使用的管道 CCTV 调查设备：推杆式管道 CCTV（由日本水机调查公司制造）。

3）调查部位示意图（图 10-1）。

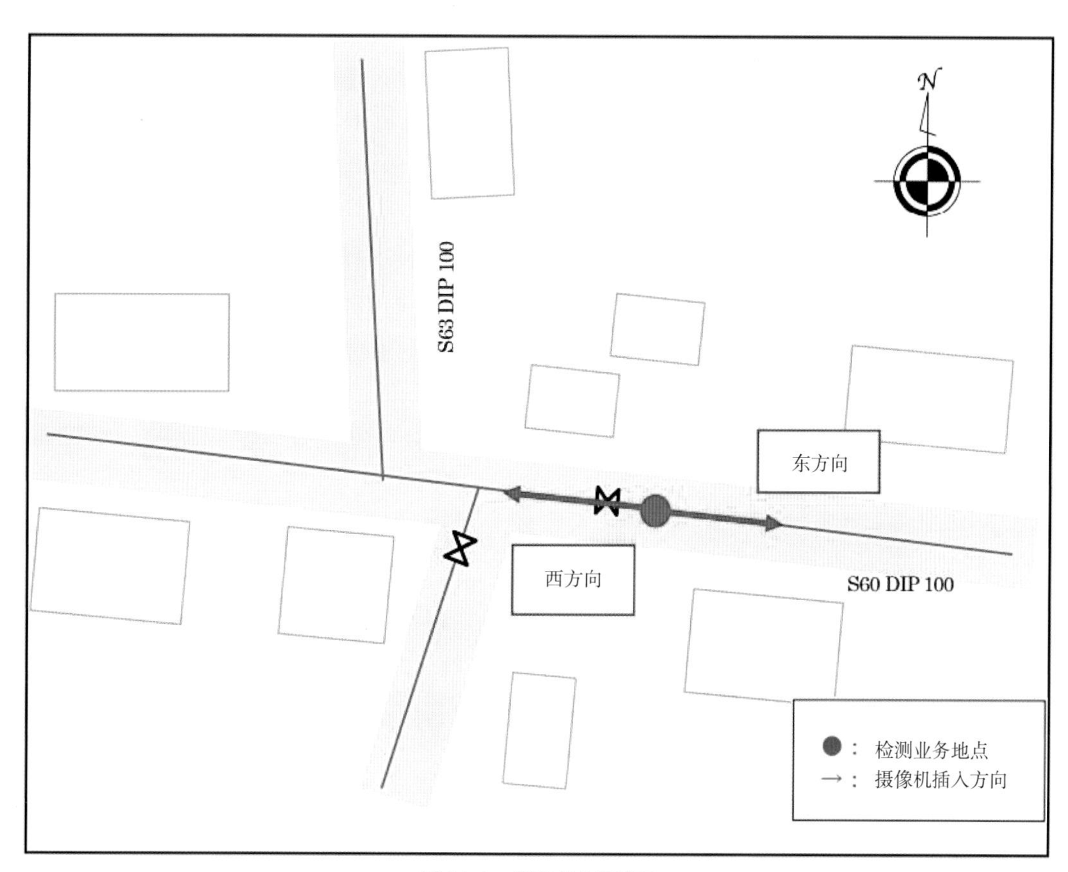

图 10-1 调查部位示意图

4）调查结果。

向东插入（下游），插入距离约 12.5m（图 10–2）。

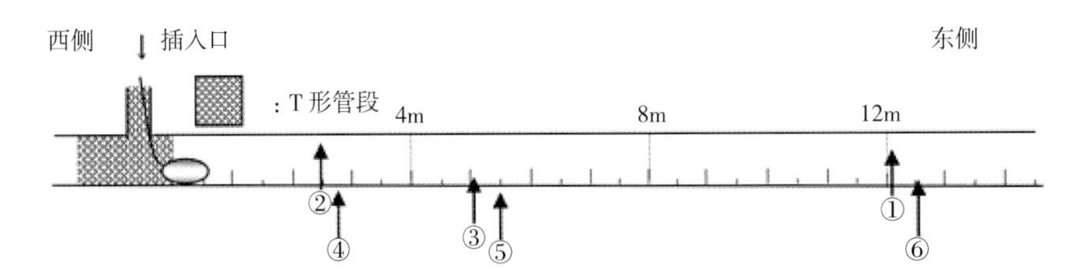

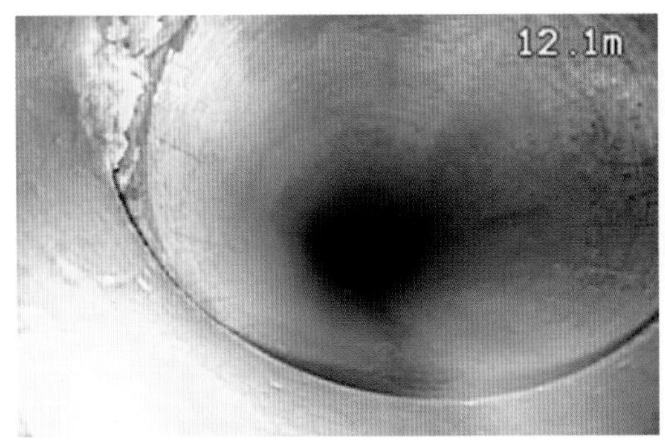

（a）锈蚀情况：确认接头处有锈蚀

（b）内壁附着物：确认整个管道内壁附着物

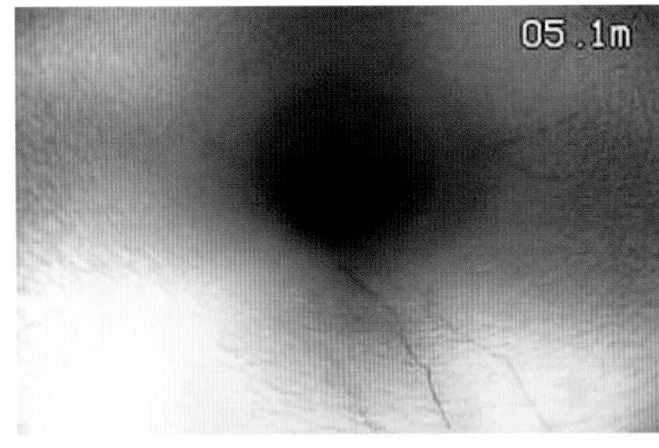

（c）内壁防腐层状况：确认涂层上存在裂缝

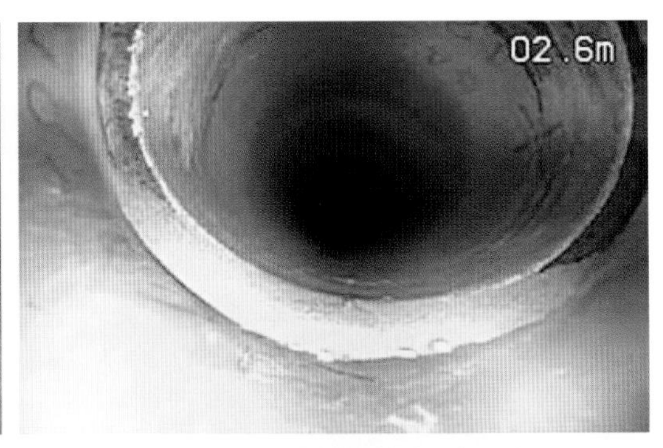

（d）沉积物：确认在管道底部有锈斑堆积

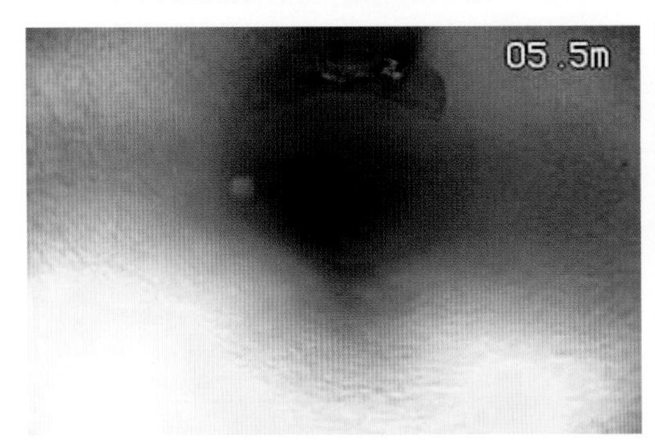

（e）悬浮物：确认有悬浮物

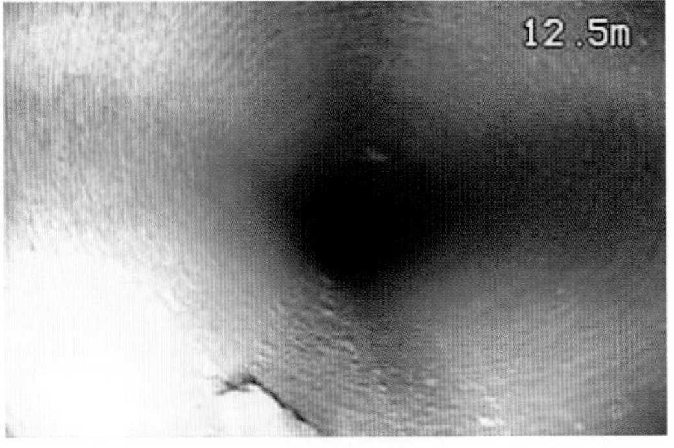

（f）穿孔部位：在穿孔部位的管道底部附近发现锈斑堆积

图 10-2 向东插入结果图

向西插入（上游），插入距离约 12.5m（图 10-3）。

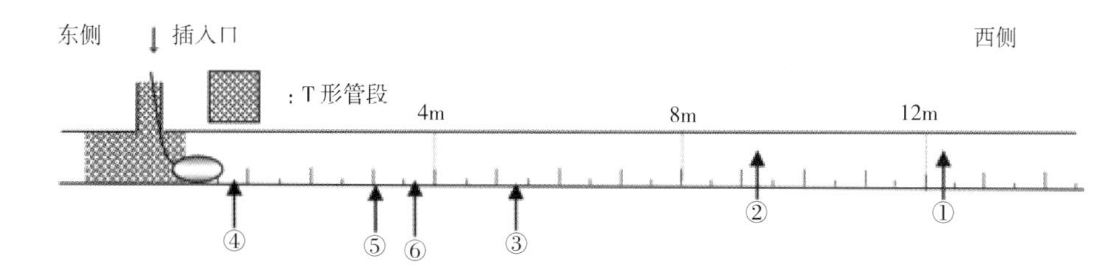

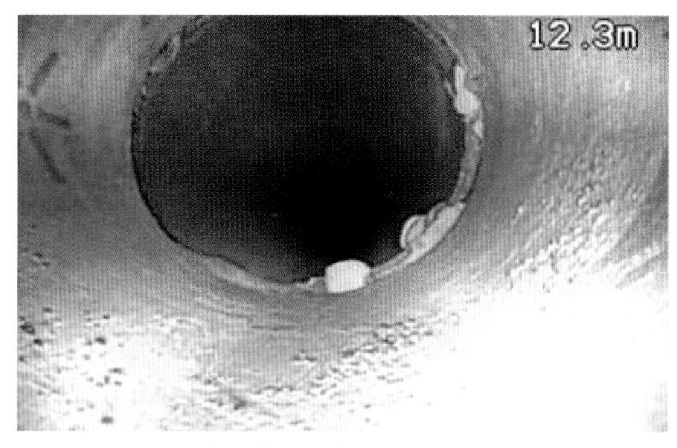

（a）锈蚀情况：确认接头处有锈蚀

（b）内壁附着物：在返程时通过 CCTV 调查设备的痕迹，确认管内壁有附着物

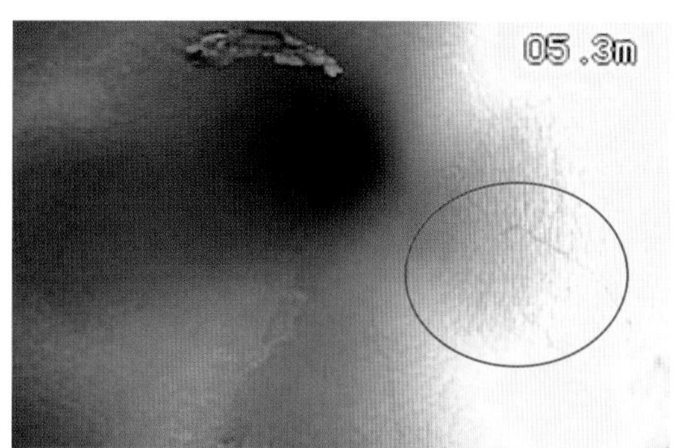

（c）内壁防腐层状况：在穿孔部位有锈蚀现象，确认涂层上有裂缝

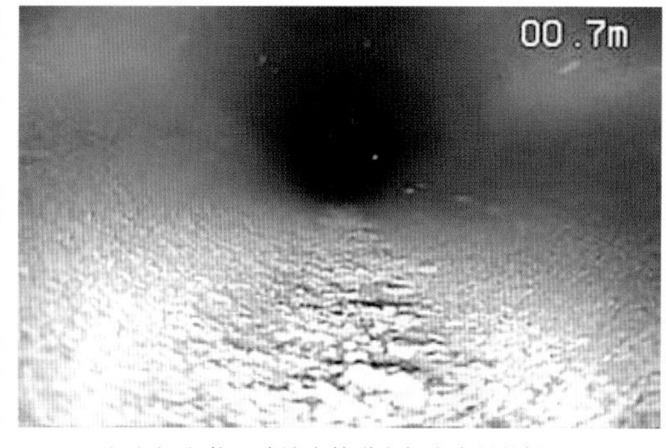

（d）沉积物：确认在管道底部有大量的锈斑

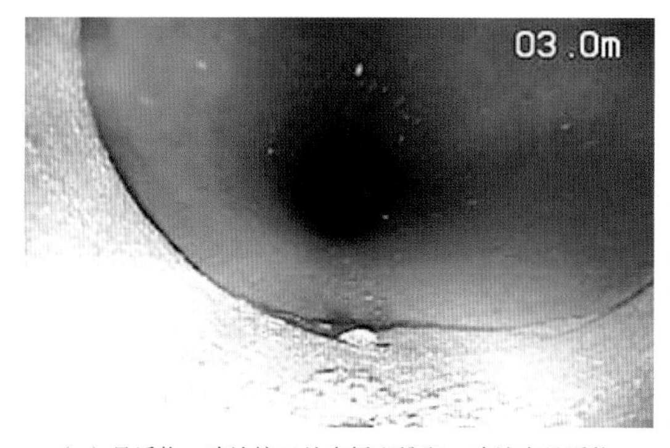

（e）悬浮物：确认接口处有锈斑堆积，确认有悬浮物

（f）穿孔部位：管内由于锈瘤造成堵塞

图 10-3 向西插入结果图

案例 3　客观评估实例

（1）调查意见着重点（图 10-4 和表 10-7）

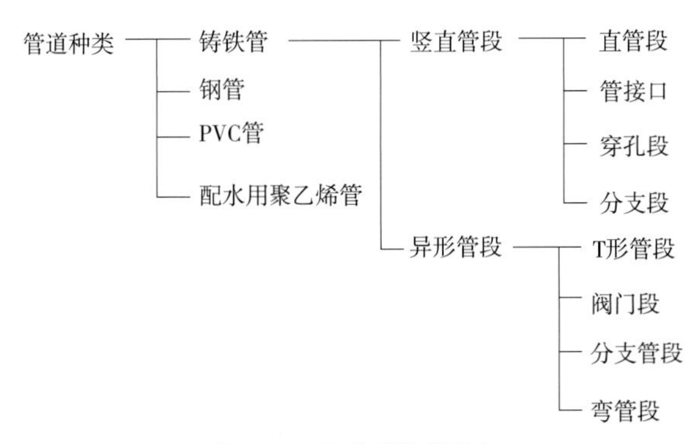

图 10-4　调查意见着重点

着重点　　表 10-7

竖直管段	直管段	锈蚀、锈块、沙子、涂层碎片、水垢、锰等（附着、沉积、黏附、悬浮、移动）
	管接口处	管道内壁、管底部、管端面、接口台阶、凹槽、内衬、管道内部状况
	穿孔段	管底、穿孔孔洞、防腐芯体
	分支段	管底，分支孔
异形管段	T 形管段	管道内壁、纵向管道的下部、管底部、接口台阶、凹槽、管道内部状况
	阀门段	管道内壁、管底部、管端面、接口台阶、阀门
	分支管段	管道内壁、管底部、管端面、接口台阶
	弯管段	管道内壁、管道内部状况

（2）评估意见实例

1）球墨铸铁管、竖直管段（直管段）（表 10-8）。

球墨铸铁管、竖直管段（直管段）评估意见实例　　表 10-8

着重点	状况	评估意见实例
锈蚀	附着	整个管道内壁有（细微的）红色的锈（等）附着
	沉积	管道底部有（轻微的）（细小的）锈（等）沉积
		大量的锈等沉积在管道底部
		大量的锈沉积在管道的底部
		管道底部有大范围的锈等沉积
		倾斜段管道底部的锈等沉积
	沉积、固着	管道底部有（大量的）锈沉积、固着

续表

着重点	状况	评估意见实例
锈蚀	悬浮	由于几乎没有流动，当 CCTV 移动时，能观察道微小的锈和其他异物悬浮
锈块	沉积	管道底部有（大量的）锈块（等）沉积
	沉积、固着	大面积的锈块在管道底部沉积、固着
泥	沉积	管道底部有泥状物沉积
水垢	附着	钙和其他物质的水垢附着在管道的整个内壁
涂层碎片	沉积	管道底部有细小的涂层碎片沉积
		管道底部有锈和涂层碎片等沉积
	悬浮	有大量细小的涂层碎片悬浮
		当 CCTV 移动时，有细小的锈、涂层碎片等悬浮
		有大量的涂层碎片悬浮
		有大的膜状涂层碎片悬浮
	悬浮、移动	有细小的涂层碎片悬浮并从上游移动
内衬碎片	沉积	管道底部（锈或）类似内衬碎片的物质沉积
锰	附着	没有发现锰等附着情况
		整个管道内壁有黑褐色的锰附着
		内衬表层有黑褐色的锰
		内衬表层有薄薄的锰状沉积物
内衬砂浆	劣化状况	没有发现内衬有特别的异常情况
		内衬表层有轻微的变白趋势
		内衬表层的裂纹（微裂纹）很明显
		内衬表层有明显的磨损痕迹，可能是在生产过程中造成的
		内衬上有明显的螺旋状起伏
环氧树脂粉末涂层	劣化状况	在粉末涂层中没有发现具体的异常情况
涂层	劣化状况	涂层明显变白
		整个涂层变白。似乎正在劣化和悬浮
		涂层整体有变白趋势。还观察到涂层脱落的部分
		观察到涂层似乎已经脱落的部分
		观察到涂层开始脱落的部分
		涂层脱落
		观察到涂层脱落或几乎脱落的部分
		观察到许多地方的涂层脱落
		管道内壁的许多地方的涂层脱落
		管道的大部分内壁的涂层脱落
流动		由于处在管道的末端，几乎没有流动
印字		用印字得知 ×××× 年制的内衬管

2）球墨铸铁管、竖直管段（管接口、穿孔段和分支段）（表 10–9）。

球墨铸铁管、竖直管段（管接口、穿孔段和分支段）评估意见实例　　表 10–9

<table>
<tr><th colspan="2">检测对象</th><th>着重点</th><th>状况</th><th>评估意见实例</th></tr>
<tr><td rowspan="32">管道接口处</td><td rowspan="6">管内壁</td><td rowspan="3">内衬砂浆</td><td rowspan="3">劣化状况</td><td>没有发现特别的异常情况</td></tr>
<tr><td>砂浆表层的粗糙是很明显的</td></tr>
<tr><td>从摄影头的路径痕迹中没有观察到内衬老化的迹象（如软化）</td></tr>
<tr><td rowspan="3">涂层</td><td rowspan="3">劣化状况</td><td>密封涂层有变白的趋势</td></tr>
<tr><td>整个密封涂层变白。它似乎正在劣化和悬浮</td></tr>
<tr><td>密封涂层似乎在悬浮</td></tr>
<tr><td rowspan="4">管底部</td><td rowspan="2">锈蚀</td><td rowspan="2">沉积</td><td>锈（等）在管道底部沉积</td></tr>
<tr><td>管道底部有轻微的锈沉积</td></tr>
<tr><td rowspan="2">锈的固着</td><td>沉积</td><td>大量锈块沉积在管道的底部</td></tr>
<tr><td>沉积、固着</td><td>锈块在管道底部沉积和固着</td></tr>
<tr><td rowspan="8">管端面</td><td rowspan="4">锈</td><td rowspan="4">产生</td><td>管端面有锈蚀（轻微）</td></tr>
<tr><td>没有生锈，也没有观察到异常情况</td></tr>
<tr><td>黑色的漆面依然存在，没有发现任何异常</td></tr>
<tr><td>管道端面安装了防腐材料，但略有生锈</td></tr>
<tr><td rowspan="3">锈瘤</td><td rowspan="3">产生</td><td>管道端面（部分）有锈瘤</td></tr>
<tr><td>整个管道端面有锈瘤</td></tr>
<tr><td>管道端面的整个圆周上都有锈斑，可能是因为管道在现场切割后没有上漆</td></tr>
<tr><td colspan="2">现场切割管</td><td>管道的横截面呈锯齿状，可能是因为管道是在现场切割的</td></tr>
<tr><td rowspan="5">接口台阶</td><td rowspan="2">锈</td><td rowspan="2">沉积</td><td>粉管（支管）和衬管（直管）之间的连接台阶上积累了大量的锈</td></tr>
<tr><td>连接台阶处有锈迹沉积</td></tr>
<tr><td rowspan="2">锈块</td><td rowspan="2">沉积</td><td>粉管（弯管）和衬管（直管）之间的连接台阶上的锈沉积</td></tr>
<tr><td>锈块在连接台阶上沉积</td></tr>
<tr><td>沙</td><td>沉积</td><td>沙子和其他材料在连接台阶上的沉积</td></tr>
<tr><td rowspan="9">凹槽</td><td rowspan="3">锈</td><td>产生</td><td>凹槽内发生锈蚀</td></tr>
<tr><td>沉积</td><td>凹槽内有（较多的）锈（等）沉积</td></tr>
<tr><td>沉积、悬浮</td><td>凹槽内有细小的锈等沉积。这些锈等在通过摄像机时都会悬浮起来</td></tr>
<tr><td rowspan="3">锈块</td><td rowspan="3">沉积</td><td>大量的锈块沉积在凹槽中</td></tr>
<tr><td>许多锈块沉积在凹槽中</td></tr>
<tr><td>大的锈块沉积在凹槽中</td></tr>
<tr><td rowspan="3">锈瘤</td><td>沉积</td><td>凹槽内有锈瘤沉积</td></tr>
<tr><td rowspan="2">产生、固着</td><td>凹槽内有（轻微）锈瘤</td></tr>
<tr><td>凹槽内有锈瘤产生。固着在管周</td></tr>
</table>

续表

检测对象		着重点	状况	评估意见实例
管道接口处	凹槽	锈瘤	产生、固着	凹槽的整个圆周上都会出现锈斑
				凹槽内出现了锈斑，可能是因为管子的端面没有上漆
		涂层碎片	沉积	凹槽中有密封涂层碎片沉积
				凹槽内有细小的锈、密封涂层碎片等沉积
			上浮、悬浮、移动	凹槽内有锈沉积。轻微的密封涂层碎片悬浮在上游方向
				当摄像机经过这些凹槽时，沉积在凹槽中的锈、密封涂层碎片等上浮并悬浮起来
		其他	沉积	类似T形螺栓的物体沉积
	内衬	存在与否		检查内衬。没有发现异常情况
				检查内衬。内衬管（直管）和内衬之间的连接台阶处有轻微的锈沉积
		锈	产生	在内衬的端面没有发现特别的异常情况
				内衬端面有轻微的锈蚀
	管内状况	锈	悬浮	（轻微）摄像机移动时的轻微锈蚀等（的夹杂物）悬浮
		涂层碎片	悬浮	（当移动摄像机时）细小的锈、涂层的碎片等悬浮
		锰	悬浮	微型锈和类似锰的物质悬浮
穿孔处	管底	锈	沉积	（少量）锈（等）在管道底部沉积
		碎片	沉积、固着	穿孔时产生的碎片堆积和固着
	穿孔孔洞	锈瘤	产生	孔洞周围有锈瘤
	防腐芯体	锈	产生	在防腐芯体中没有发现具体的异常情况
				防腐芯体没有正确安装，可能是由于被锈堵住
		锈瘤	产生	防腐芯体周围有锈瘤产生
分支管段	管底	碎片	沉积	分支穿孔过程中产生的碎片（少量）沉积
	分支孔	锈瘤	产生	分支孔内有锈瘤产生

案例 4 五种缺陷类型和五个等级的评估结果的实例

调查点 1 的五种缺陷类型及其等级评价、评估状态，见表 10-10。

五种缺陷类型及其等级评价、评估状态　　表 10-10

缺陷类型	等级评价	评估状态
锈蚀状态	B	观察到锈瘤存在
内壁附着物	C	附着物形成薄层状态
内壁防腐层状态	B	发现密封涂层已脱落
沉积物	D	沉积物掩盖了摄像机
悬浮物	B	悬浮物总是被观察到

（1）在直管段和接头处没有观察到管道内壁的锈迹，因为它们被沉积物所覆盖，但在异形管段中观察到了锈瘤，其等级为B。

（2）就内壁附着物而言，可以看到靠近管壁有一层沉积物，因此等级为C。

（3）关于内壁防腐层状态，直管段被沉积物覆盖，所以状况不明，但一些管道顶部的涂层似乎已经剥落，所以等级为B。

（4）对于沉积物，在直管段的4~17m之间观察到大量的沉积物，以至于CCTV调查设备被埋没，因此等级为D。最厚的沉积物沉积在管底的中心，被认为是大约2cm厚的推测依据，由于弯管内速度分布的改变而造成的停滞，导致了下游弯管周围有沉积物。如果将来流速发生较大变化，大量的这种沉积物被带到下游，就有可能造成浑浊水的大规模污染。

（5）在悬浮物方面，等级为B，因为观察到悬浮物在任何时候都从上游流向下游。

10.3 管线“病历”的制作

在医学上，建立病人的病历是为了监测进展和提供必要的治疗。同样，给水管线也需要以管线“病历”的形式进行记录，记录CCTV调查视频数据和评估结果，以及管道的属性信息，以便用于管道资产管理。管线“病历”的实例参见案例5。

案例5 管线“病历”实例

管道CCTV评估结果表见表10-11。

案例5 管道CCTV评估结果表 **表10-11**

<table>
<tr><td colspan="6" align="right">编号：</td></tr>
<tr><td colspan="2">调查编号</td><td colspan="2">××</td><td>调查日期</td><td>××××年××月</td></tr>
<tr><td colspan="2">部门名称</td><td colspan="4">××市水务局</td></tr>
<tr><td rowspan="10">调查管道</td><td>现场地址</td><td colspan="4">××市××区××街××号</td></tr>
<tr><td>插入点</td><td colspan="2">消火栓</td><td>消火栓编号或空气阀编号</td><td>F-1</td></tr>
<tr><td>管道种类</td><td colspan="2">球墨铸铁管</td><td>连接方式（球磨铸铁管）</td><td>A</td></tr>
<tr><td>内壁规格</td><td>直管部</td><td>内衬砂浆</td><td>异形管部</td><td>未知</td></tr>
<tr><td>埋设年份</td><td colspan="4">1970年</td></tr>
<tr><td>管径</td><td colspan="4">100mm</td></tr>
<tr><td>计划调查总长度（上下游合计）</td><td colspan="4">50m</td></tr>
<tr><td>实际调查长度</td><td colspan="4">上游：12.5m；下游：12.5m</td></tr>
<tr><td>自来水、工业用水、农业用水、其他</td><td colspan="2">自来水</td><td>自来水（输、配、给水、其他）</td><td>配水</td></tr>
<tr><td colspan="2">调查对象管线配水的主要净水厂</td><td colspan="4">××净水厂</td></tr>
</table>

续表

管道内壁评估结果 （描述缺陷类型和最需要关注的部位的等级）			
上游方向管道（与流向相反）		下游方向管道（流向方向）	
缺陷类型	锈蚀状态	缺陷类型	内壁防腐状况
部位	异形管部	部位	直管部
		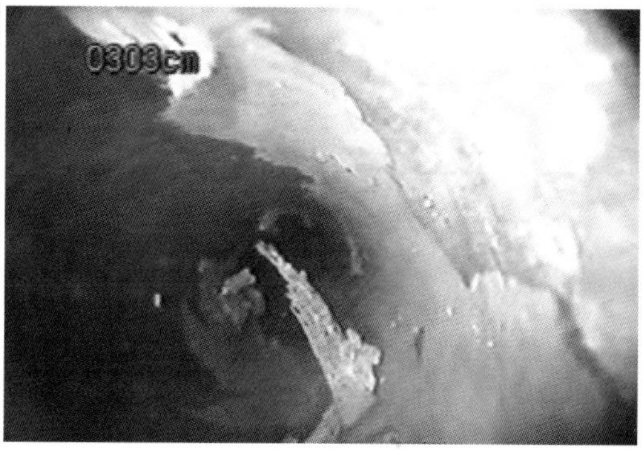	
评估等级	D	评估等级	B
备注	直管段在所有五种缺陷类型中等级为 B，需要对整个管线采取措施	备注	内部沉积物和悬浮物的等位为 B，需要对整个管线采取措施

第 11 章 给水管道内壁老化对策

11.1 应对措施和实例

根据第 10 章所述的利用管道 CCTV 直接诊断[①]的评估结果，在这一节介绍应采取哪些措施，基本的应对措施（表 11-1）和处理前后的管道内窥照片比较的实例（表 11-2）。

拟采取的措施清单 表 11-1

应对措施	内容	特征
无需采取措施	老化程度的等级为 S，代表管道是健康的，因此不需要采取特别措施	不需要采取特别措施，因为管道状况良好，通过定期 CCTV 调查监测进展
水质改善措施	如果由于原水水质或水处理的原因，造成高度腐蚀性，则应改善朗格利尔指数	通过注入消石灰等，有效改善红水和黑水产生的原因——朗格利尔指数
安装夹杂物去除设备	在夹杂物容易沉积的地方安装设备，有效地清除异物	排水 T 形管和排水管能有效地将异物从管道底部排出； 特殊的过滤装置对悬浮的异物和微小的异物很有效
冲洗放水 （排水冲洗管道）	通过从排水管和消火栓中放水来清除管道中的沉积物和悬浮物	尽管管道内部相对健康，但在异物仍易于从周围环境中聚集和沉积的区域，从管道末端开始放水是有效措施； 只用现有的水量进行冲洗，可灵活用于清除一定量的异物
特殊的管道清洗工法	由于老化程度相对较高，需要使用特殊的清洁设备、软 PIG 和二氧化碳来物理性地去除异物	冲洗放水效果较差时适宜； 根据管径、管道长度、清除对象等选择不同的工法
修复工法	清除管道内壁的异物后，将密封软管和塑料管翻转或插入以延长其使用寿命	可以防止泄漏和破裂； 可期待有一定程度的抗震能力； 不适用于给水分支等区域
更换	重新铺设或采用可控离子渗入技术（Programmable Ion Permeation，PIP）修复	优先考虑老化程度严重的管道和需要抗震的管道的修复

① 根据《2016 年给水管道维护管理指南》(由日本自来水协会监督修订)，直接诊断是直接检测管道，测定、评估其功能的最可靠方法。

采取措施前后的管道内窥照片比较实例 表 11-2

项目	洗管前	洗管后
锈蚀状态	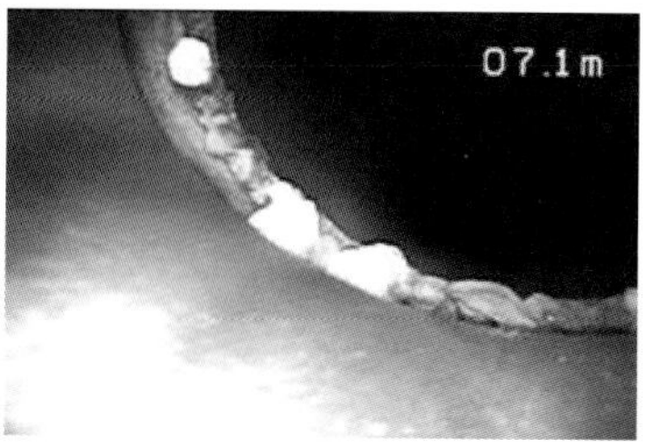	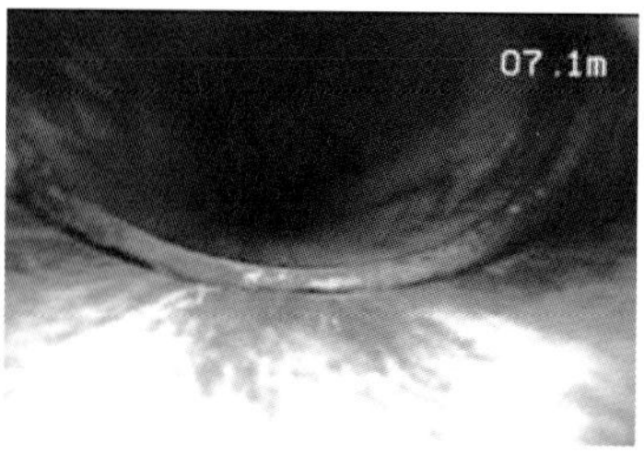
内壁附着物	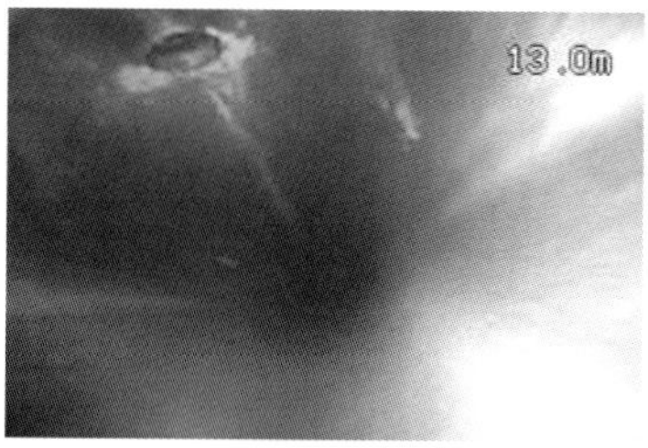	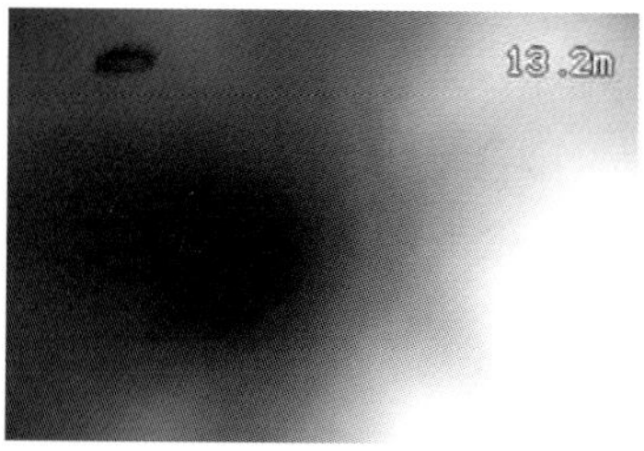
内壁防腐状况	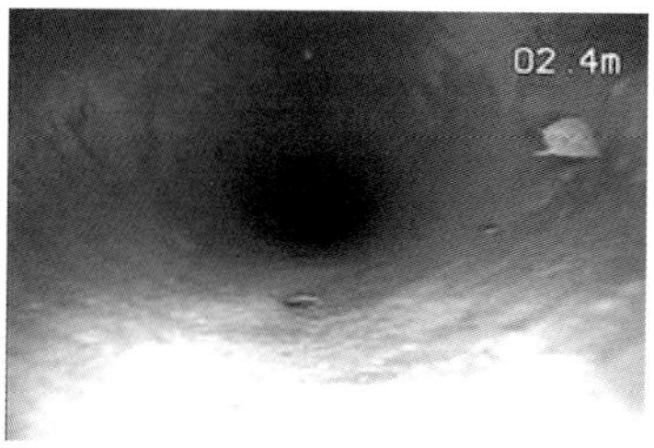	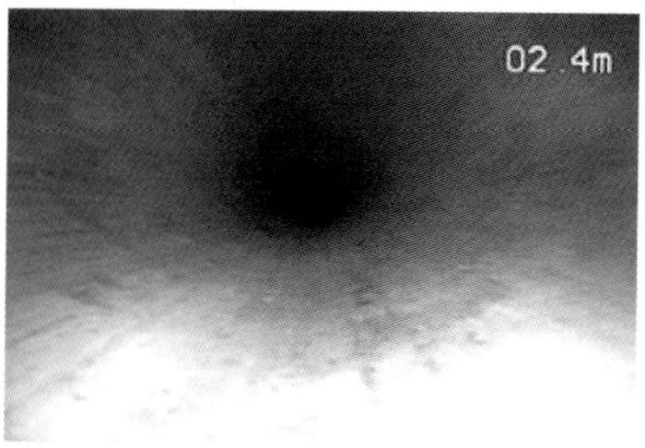
沉积物		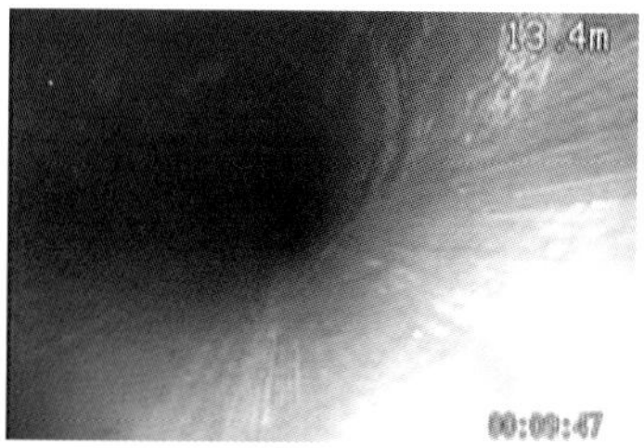
悬浮物	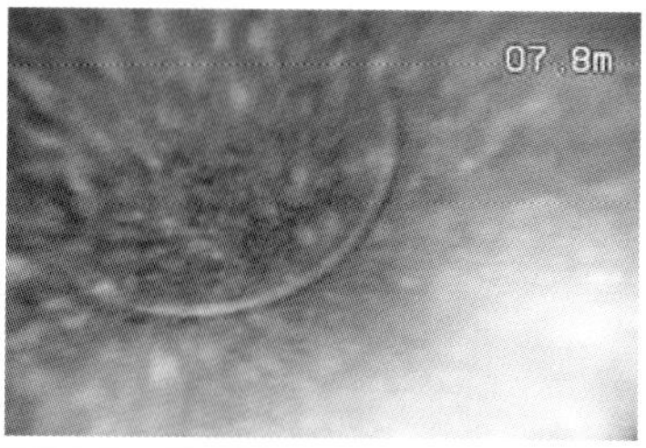	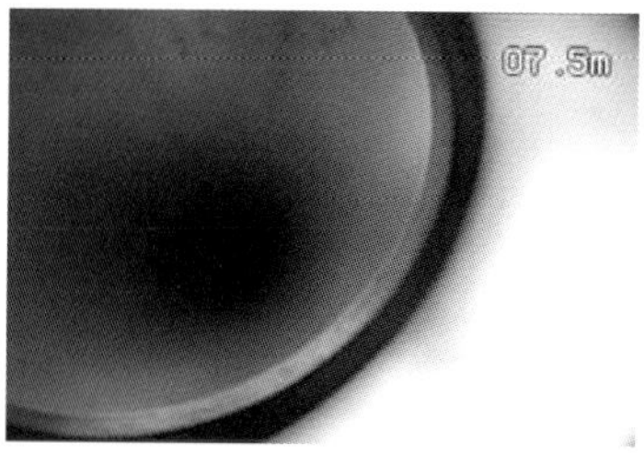

11.2 通过问诊表进行简单评估

在医院就诊时，病人在第一次就诊的问诊表上填写基本信息和症状。在诊断管道时，根据管道类型和建造年份等历史信息，以及红水和涂层等事件的发生情况，来确定对管道进行 CCTV 调查的路线和位置。

以需要调查的管道信息（问诊表）为基础，根据迄今为止进行的近 830 次管道 CCTV 调查得到的评价结果和管道的履历信息之间的关系，用统计方法分析得到一个数学模型（见附录 B 参考资料），使用该模型可以简单判定管道内壁老化程度较高的管道，有望进一步提高管道 CCTV 调查的效率。

下面是一个问诊表的实例（参见案例 6）。

案例 6　管道 CCTV 调查问诊表

管道 CCTV 调查问诊表

填写日期：×××× 年 ×× 月 ×× 日

部门名称：×× 水务局

地　　址：×× 省 ×× 市 ×× 区 ×× 街

负责人名：×××

* 本问卷旨在对给水管道内壁的健康状况进行简单检查。
* 根据调查问卷中的信息，通过数量化理论Ⅱ类将群体确定为“好”或“坏”群体。
* 如果诊断为“坏”组，通过管道 CCTV 调查的方式进行详细的诊断评估是有效的。

1. 关于需要调查的给水管道

（☑匹配的选项，如果有多个选项，在主要管道类型打☑）

（1）管道类型是什么？

□球墨铸铁管　☑铸铁管　□钢管　□聚氯乙烯管

□用于输水的聚乙烯管　□石棉管　□不详　□其他

（2）是否有不规则形状的管道部分（弯曲管道、T 形管、分支管、阀门）？

☑是　□仅有直管段　□不详

（3）建设的年份是什么时候？

☑ 1970 年及以前　□ 1971~1989 年　□ 1990 年起　□不详

（4）内壁涂层是什么？

□环氧树脂粉末涂料　□内衬砂浆　□环氧树脂涂层

□煤焦油基涂料　☑无内衬　□不详

（5）管径是多少？

☑100mm 或以下　　□ 100~150mm　　□超过 150mm　□不详

2. 碰到怎样的问题？（☑匹配的选项，可以多选）

☑锈或红水的产生　　☑锰或黑水的产生

□涂层的脱落　　□内壁涂膜的脱落（除涂层外）

☑锈瘤、沙子、石头和其他沉积物

☑悬浮物　　□地基沉降

□到目前为止没有问题

□其他（请在下面说明）

(　　)

3. 需要调查的频率是多少？

□几乎每天　　□每周一次或两次　　☑每月数次　　□极少

□土地沉降约（　　）cm

4. 在水质检测结果中，待调查区域的纯净水数值（年度最高和最低值）是多少？

□锰及其化合物的浓度（最大　　mg/L 最小　　mg/L）

□铁及其化合物的浓度（最大　　mg/L 最小　　mg/L）

□钙、镁等（硬度）（最大　　mg/L 最小　　mg/L）

□ pH（最大　　最小　　）

□腐蚀性（朗格利尔指数）（最大　　最小　　）

5. 此前是否有进行过管道 CCTV 调查？

□有（何时？年份）　　☑没有

6. 对管道 CCTV 调查是否有兴趣？

☑有　　□无

第 12 章 总结

日本给水管道管内 CCTV 调查协会成立于 2006 年 4 月，在成立之初只有 20 个会员，而截至目前（截至 2020 年 6 月）共发展有正式成员 39 家企业和赞助会员 3 家企业，在过去的 14 年中，公司通过制定管道 CCTV 调查指南和认证的 CCTV 技能培训课程，努力促进和发展管道 CCTV 调查工作。

在此期间，2008 年成立了给水管道内壁诊断评估委员会，众多检测成果已反映在本指南中，并得到广泛利用。

同时，随着检测数量的增加和检测数据的整合，对人工诊断评估方法和报告编写的需求也越来越大。

在此背景下，2017 年 6 月成立了管道内壁诊断评估委员会，由首都大学东京（原东京都立大学）特聘教授小泉明担任委员长，日本给水行业的学术专家和从业人员担任委员会成员，进行了热烈的讨论。与名古屋市和神户市等水务公司及政府部门的意见交流和案例研究也体现在本指南的内容中。

在亟需对给水管道进行适当管理的今天，由于对给水管道 CCTV 调查的期望和协会成员的努力，调查的数量逐年增加，现在首次进行了问卷调查，揭示了日本全国的调查分布情况。研究发现，日本所有的省都进行了 CCTV 调查。也可以说，不仅仅是大规模的给水地区，给水人口少于 10 万人的地方政府也很关心，并且正在稳步扩大。

在编写本指南时，主要通过照片、图片、表格和案例分析，对评价项目和评价标准进行了说明，使使用者易于理解，以统一评估工作和报告编写。它还引入了一种统计方法，通过整合管道信息来评估管道内壁的好坏。

最重要的方面是如何运用评估结果。评估结果表包含了调查区域内最差地点的图像，但这并不意味着整个调查区域都是如此。我们希望能够对缺陷类型和等级进行综合判断，并决定是否需要采取紧急行动，以及如何处理这种情况。如果能将本指南作为处理这方面问题的参考，我们将非常感激。

附录 B　参考资料

资料 1　给水管道 CCTV 调查的业绩

第一年，调查点的数量不到 100 个，但第二年就超过了 300 个，在过去的五年里，每年的调查点为 360~600 个，而调查数量（≈委托数量）为每年 70~90 个。

从图 13-2 可以发现，调查地点数持续增加，CCTV 调查越来越广泛，2013—2018 年期间有 25 个省的该类调查数量都有所增加。

调查距离也在增加，从最初的 10m 到 30m，再到 40m 以上的电缆长度，引进了各种类型的设备，可以应对不同的检测环境。因此，在上游和下游都进行检测，2006—2010 年每站的调查长度为 20m，2011 年起为 80m，总调查长度约为 300km。同时，给水设施的老化管道长度为 116000km（占所有管道长度的 16.3%——来自日本《2009 年给水统计》)，可以说，CCTV 调查还有很大的推广和改进空间，也有很多使用机会。

作为参考，下面列出了 2006—2018 年的 CCTV 调查逐年趋势、区域总数和调查地点分布。

这些数据是基于在给水管道中进行 CCTV 调查的协会成员进行的问卷调查（2019 年实施）的结果。

（1）各年的调查地点的数、调查案例数以及累计总数（图 B-1、图 B-2、表 B-1、表 B-2）

图 B-1　调查结果的年度变化（调查数量）

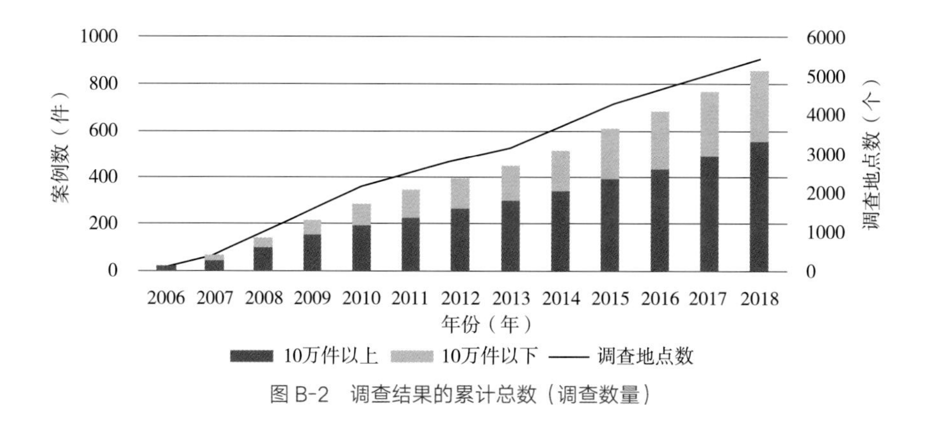

图 B-2 调查结果的累计总数（调查数量）

每年的调查案例数和调查地点的数量（给水人口超过 / 低于 100000 人） 表 B-1

年份		2006	2007	2008	2009	2010	2011	2012	2013	2014	2015	2016	2017	2018	合计
调查案例数（件）	10 万件以上	16	34	56	50	42	35	35	37	41	52	45	53	62	558
	10 万件以下	9	10	20	22	31	21	13	16	27	40	34	35	27	305
	总计	25	44	76	72	73	56	48	53	68	92	79	88	89	863
调查地点数（个）		99	313	595	571	602	365	347	294	502	580	375	423	365	5431

累计的调查案例数和调查地点数（给水人口超过 / 低于 100000 人） 表 B-2

年份		2006	2007	2008	2009	2010	2011	2012	2013	2014	2015	2016	2017	2018
调查案例数（件）	10 万件以上	16	50	106	156	198	233	268	305	346	398	443	496	558
	10 万件以下	9	19	39	61	92	113	126	142	169	209	243	278	305
	总计	25	69	145	217	290	346	394	447	515	607	686	774	863
调查地点数（个）		99	412	1007	1578	2180	2545	2892	3186	3688	4268	4643	5066	5431

（2）各地区调查地点数和调查案例数（图 B-3~ 图 B-5、表 B-3）

各地区的结果数量 表 B-3

年份		北海道・东北	关东	中部	近畿	四国・中国	九州	合计
调查案例数（件）	10 万件以上	41	178	168	94	43	34	558
	10 万件以下	41	71	69	68	36	20	305
	总计	82	249	237	162	79	54	863
调查地点数（个）		241	869	3311	528	166	316	5431

（中国地区，在日本本州岛西部，含岛根、山口等县）

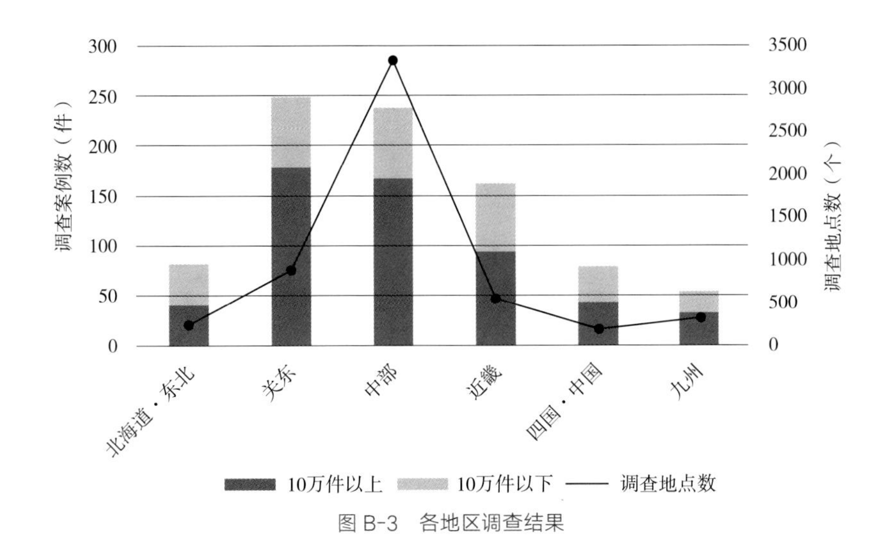

图 B-3 各地区调查结果

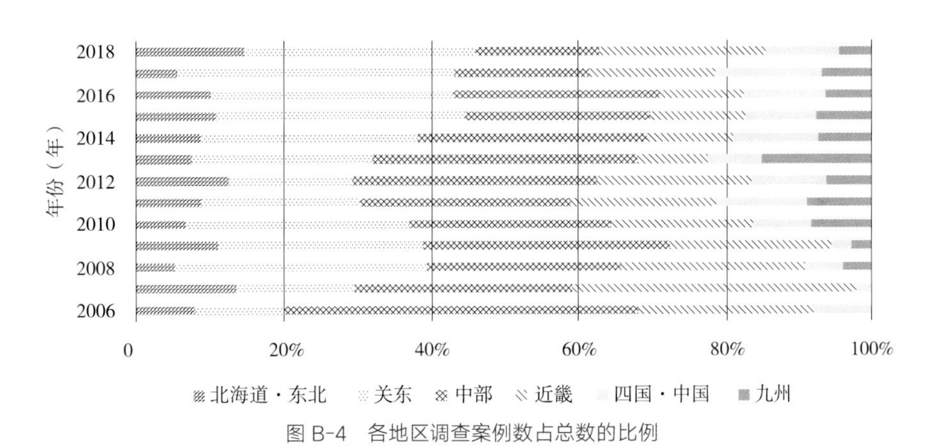

图 B-4 各地区调查案例数占总数的比例

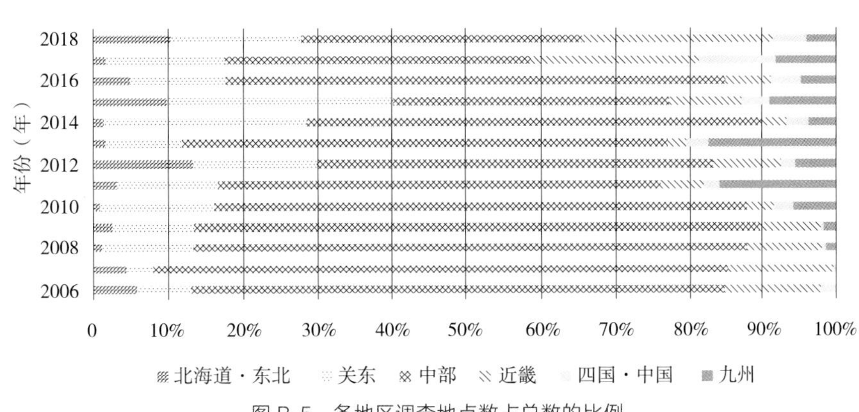

图 B-5 各地区调查地点数占总数的比例

（3）按县、按服务人口和按年份划分的调查数量（表 B-4~ 表 B-9）

按县、按服务人口和按年份划分的调查数量（北海道·东北地区）　　表 B-4

北海道·东北								
年份	项目	北海道	青森县	岩手县	宫城县	秋田县	山形县	福岛县
2006	10 万件以上	1	0	0	0	0	0	0
	10 万件以下	0	0	0	0	0	1	0
	总件数（件）	1	0	0	0	0	1	0
	地点数（个）	1	0	0	0	0	5	0
2007	10 万件以上	0	0	0	0	2	0	1
	10 万件以下	2	1	0	0	0	0	0
	总件数（件）	2	1	0	0	2	0	1
	地点数（个）	2	2	0	0	8	0	2
2008	10 万件以上	0	0	1	0	1	0	0
	10 万件以下	1	0	0	0	0	1	0
	总件数（件）	1	0	1	0	1	1	0
	地点数（个）	1	0	2	0	3	1	0
2009	10 万件以上	0	2	1	0	0	1	0
	10 万件以下	0	1	1	0	2	0	0
	总件数（件）	0	3	2	0	2	1	0
	地点数（个）	0	7	3	0	5	1	0
2010	10 万件以上	0	1	0	0	0	1	0
	10 万件以下	2	0	1	0	0	0	0
	总件数（件）	2	1	1	0	0	1	0
	地点数（个）	2	1	1	0	0	1	0
2011	10 万件以上	1	1	0	0	0	1	0
	10 万件以下	0	0	1	0	0	0	1
	总件数（件）	1	1	1	0	0	1	1
	地点数（个）	1	1	1	0	0	7	2
2012	10 万件以上	0	1	0	1	0	0	0
	10 万件以下	2	1	0	0	0	0	1
	总件数（件）	2	2	0	1	0	0	1
	地点数（个）	2	43	0	1	0	0	1
2013	10 万件以上	0	0	2	0	0	0	0
	10 万件以下	0	1	0	0	0	0	1
	总件数（件）	0	1	2	0	0	0	1
	地点数（个）	0	1	2	0	0	0	2

续表

北海道・东北								
年份	项目	北海道	青森县	岩手县	宫城县	秋田县	山形县	福岛县
2014	10 万件以上	0	0	2	0	1	0	1
	10 万件以下	0	0	1	1	0	0	0
	总件数（件）	0	0	3	1	1	0	1
	地点数（个）	0	0	4	1	1	0	1
2015	10 万件以上	0	1	1	2	0	1	1
	10 万件以下	1	0	0	0	0	0	3
	总件数（件）	1	1	1	2	0	1	4
	地点数（个）	11	1	1	2	0	1	42
2016	10 万件以上	0	0	1	1	0	0	0
	10 万件以下	2	0	0	1	1	0	2
	总件数（件）	2	0	1	2	1	0	2
	地点数（个）	9	0	1	4	1	0	4
2017	10 万件以上	0	0	0	2	0	0	0
	10 万件以下	0	1	0	0	0	0	2
	总件数（件）	0	1	0	2	0	0	2
	地点数（个）	0	2	0	2	0	0	3
2018	10 万件以上	1	1	1	1	2	0	2
	10 万件以下	1	0	0	3	0	1	0
	总件数（件）	2	1	1	4	2	1	2
	地点数（个）	2	2	1	23	3	4	3
合计	10 万件以上	3	7	9	7	6	4	5
	10 万件以下	11	5	4	5	3	3	10
	总件数（件）	14	12	13	12	9	7	15
	地点数（个）	31	60	16	33	21	20	60

按县、按服务人口和按年份划分的调查数量（关东地区） **表 B-5**

关东									
年份	项目	茨城县	枥木县	群马县	埼玉县	千叶县	东京都	神奈川县	山梨县
2006	10 万件以上	0	0	0	1	0	0	2	0
	10 万件以下	0	0	0	0	0	0	0	0
	总件数（件）	0	0	0	1	0	0	2	0
	地点数（个）	0	0	0	4	0	0	3	0

续表

关东									
年份	项目	茨城县	栃木县	群马县	埼玉县	千叶县	东京都	神奈川县	山梨县
2007	10 万件以上	0	0	0	1	2	0	4	0
	10 万件以下	0	0	0	0	0	0	0	0
	总件数（件）	0	0	0	1	2	0	4	0
	地点数（个）	0	0	0	1	2	0	8	0
2008	10 万件以上	1	0	1	3	3	3	8	0
	10 万件以下	3	2	0	1	1	0	0	0
	总件数（件）	4	2	1	4	4	3	8	0
	地点数（个）	8	9	1	21	4	5	24	0
2009	10 万件以上	0	1	0	7	2	0	4	0
	10 万件以下	2	2	1	1	0	0	0	0
	总件数（件）	2	3	1	8	2	0	4	0
	地点数（个）	6	20	6	19	3	0	7	0
2010	10 万件以上	0	1	1	7	2	0	1	0
	10 万件以下	3	4	0	3	0	0	0	0
	总件数（件）	3	5	1	10	2	0	1	0
	地点数（个）	5	34	6	43	2	0	2	0
2011	10 万件以上	0	0	2	4	0	1	1	1
	10 万件以下	0	1	0	0	1	0	1	0
	总件数（件）	0	1	2	4	1	1	2	1
	地点数（个）	0	1	12	11	1	1	21	2
2012	10 万件以上	0	0	0	3	2	0	1	0
	10 万件以下	0	1	0	0	0	0	0	1
	总件数（件）	0	1	0	3	2	0	1	1
	地点数（个）	0	1	0	9	21	0	16	10
2013	10 万件以上	2	0	3	4	2	2	0	0
	10 万件以下	0	0	0	0	0	0	0	0
	总件数（件）	2	0	3	4	2	2	0	0
	地点数（个）	2	0	14	10	2	2	0	0
2014	10 万件以上	2	1	1	6	4	1	2	0
	10 万件以下	1	0	0	2	0	0	0	0
	总件数（件）	3	1	1	8	4	1	2	0
	地点数（个）	3	1	100	20	6	1	6	0

续表

关东									
年份	项目	茨城县	栃木县	群马县	埼玉县	千叶县	东京都	神奈川县	山梨县
2015	10 万件以上	0	0	1	5	10	2	1	0
	10 万件以下	2	0	1	3	6	0	0	0
	总件数（件）	2	0	2	8	16	2	1	0
	地点数（个）	2	0	121	27	21	3	2	0
2016	10 万件以上	0	3	2	3	8	0	2	0
	10 万件以下	1	1	0	2	4	0	0	0
	总件数（件）	1	4	2	5	12	0	2	0
	地点数（个）	1	10	4	18	12	0	2	0
2017	10 万件以上	2	1	3	6	6	1	1	1
	10 万件以下	2	0	0	7	2	0	1	0
	总件数（件）	4	1	3	13	8	1	2	1
	地点数（个）	5	2	5	34	8	1	11	1
2018	10 万件以上	0	2	1	9	4	1	3	0
	10 万件以下	1	2	0	2	3	0	0	0
	总件数（件）	1	4	1	11	7	1	3	0
	地点数（个）	1	10	8	30	7	4	3	0
合计	10 万件以上	7	9	15	59	45	11	30	2
	10 万件以下	15	13	2	21	17	0	2	1
	总件数（件）	22	22	17	80	62	11	32	3
	地点数（个）	33	88	277	247	89	17	105	13

按县、按服务人口和按年份划分的调查数量（中部地区）　　表 B-6

中部										
年份	项目	新潟县	富山县	石川县	福井县	三重县	长野县	岐阜县	静冈县	爱知县
2006	10 万件以上	2	0	0	0	0	0	0	2	3
	10 万件以下	0	2	0	0	1	0	0	1	1
	总件数（件）	2	2	0	0	1	0	0	3	4
	地点数（个）	2	6	0	0	4	0	0	6	53
2007	10 万件以上	0	3	0	0	0	0	1	1	6
	10 万件以下	0	1	1	0	0	0	0	0	0
	总件数（件）	0	4	1	0	0	0	1	1	6
	地点数（个）	0	15	2	0	0	0	1	1	223

续表

中部										
年份	项目	新潟县	富山县	石川县	福井县	三重县	长野县	岐阜县	静冈县	爱知县
2008	10万件以上	0	2	0	0	0	0	1	2	12
	10万件以下	0	1	0	0	0	0	1	0	1
	总件数（件）	0	3	0	0	0	0	2	2	13
	地点数（个）	0	13	0	0	0	0	2	2	428
2009	10万件以上	2	0	2	1	0	0	0	2	12
	10万件以下	0	0	0	1	0	1	0	0	3
	总件数（件）	2	0	2	2	0	1	0	2	15
	地点数（个）	2	0	8	4	0	1	0	2	419
2010	10万件以上	3	1	0	1	0	0	0	0	8
	10万件以下	0	0	2	0	1	1	0	1	2
	总件数（件）	3	1	2	1	1	1	0	1	10
	地点数（个）	7	2	7	3	3	1	0	3	407
2011	10万件以上	1	0	0	2	0	1	0	1	5
	10万件以下	0	1	1	0	2	0	0	0	2
	总件数（件）	1	1	1	2	2	1	0	1	7
	地点数（个）	2	1	2	23	3	1	0	2	183
2012	10万件以上	4	1	0	0	2	0	0	1	7
	10万件以下	0	0	1	0	0	0	0	0	0
	总件数（件）	4	1	1	0	2	0	0	1	7
	地点数（个）	9	2	6	0	2	0	0	1	165
2013	10万件以上	0	2	0	0	2	0	1	1	4
	10万件以下	2	1	0	1	0	3	1	0	1
	总件数（件）	2	3	0	1	2	3	2	1	5
	地点数（个）	2	54	0	3	2	48	2	1	80
2014	10万件以上	4	0	0	0	1	1	1	0	5
	10万件以下	0	2	2	1	1	3	0	0	0
	总件数（件）	4	2	2	1	2	4	1	0	5
	地点数（个）	6	29	16	3	3	125	1	0	125
2015	10万件以上	3	0	0	0	1	4	0	2	6
	10万件以下	0	2	2	0	0	1	1	0	1
	总件数（件）	3	2	2	0	1	5	1	2	7
	地点数（个）	3	6	5	0	1	14	12	3	171

续表

中部										
年份	项目	新潟县	富山县	石川县	福井县	三重县	长野县	岐阜县	静冈县	爱知县
2016	10 万件以上	3	1	0	2	1	0	1	1	7
	10 万件以下	0	0	1	1	0	3	1	0	0
	总件数（件）	3	1	1	3	1	3	2	1	7
	地点数（个）	11	1	5	33	1	3	13	1	185
2017	10 万件以上	1	0	0	0	0	2	1	1	5
	10 万件以下	0	0	0	0	1	4	1	0	0
	总件数（件）	1	0	0	0	1	6	2	1	5
	地点数（个）	1	0	0	0	1	27	7	1	138
2018	10 万件以上	2	0	0	0	1	1	0	2	6
	10 万件以下	0	0	0	0	0	0	2	0	1
	总件数（件）	2	0	0	0	1	1	2	2	7
	地点数（个）	2	0	0	0	5	1	11	2	118
合计	10 万件以上	25	10	2	6	8	9	6	16	86
	10 万件以下	2	10	10	4	6	16	7	2	12
	总件数（件）	27	20	12	10	14	25	13	18	98
	地点数（个）	47	129	51	69	25	221	49	25	2695

按县、按服务人口和按年份划分的调查数量（近畿地区）　　表 B-7

近畿							
年份	项目	滋贺县	京都府	大阪府	兵库县	奈良县	和歌山县
2006	10 万件以上	0	0	3	1	0	0
	10 万件以下	0	0	0	2	0	0
	总件数（件）	0	0	3	3	0	0
	地点数（个）	0	0	5	8	0	0
2007	10 万件以上	1	0	6	5	1	0
	10 万件以下	0	0	0	3	1	0
	总件数（件）	1	0	6	8	2	0
	地点数（个）	11	0	8	22	4	0
2008	10 万件以上	1	0	3	7	1	0
	10 万件以下	2	1	0	2	2	0
	总件数（件）	3	1	3	9	3	0
	地点数（个）	9	3	4	38	5	0

续表

近畿							
年份	项目	滋贺县	京都府	大阪府	兵库县	奈良县	和歌山县
2009	10万件以上	0	0	8	3	0	0
	10万件以下	1	1	0	0	2	1
	总件数（件）	1	1	8	3	2	1
	地点数（个）	2	2	29	7	3	3
2010	10万件以上	0	2	2	1	1	0
	10万件以下	2	0	3	1	2	0
	总件数（件）	2	2	5	2	3	0
	地点数（个）	4	2	7	2	6	0
2011	10万件以上	0	1	3	1	0	0
	10万件以下	1	0	0	3	1	1
	总件数（件）	1	1	3	4	1	1
	地点数（个）	2	2	6	8	1	2
2012	10万件以上	2	0	4	2	0	0
	10万件以下	0	1	0	1	0	0
	总件数（件）	2	1	4	3	0	0
	地点数（个）	11	3	10	8	0	0
2013	10万件以上	1	0	0	2	0	0
	10万件以下	0	0	1	0	0	1
	总件数（件）	1	0	1	2	0	1
	地点数（个）	1	0	2	3	0	1
2014	10万件以上	0	0	0	2	0	0
	10万件以下	1	0	1	2	0	2
	总件数（件）	1	0	1	4	0	2
	地点数（个）	5	0	1	8	0	2
2015	10万件以上	1	1	2	2	0	0
	10万件以下	3	0	0	2	1	0
	总件数（件）	4	1	2	4	1	0
	地点数（个）	33	8	3	8	4	0
2016	10万件以上	0	0	1	1	0	0
	10万件以下	2	0	1	2	1	1
	总件数（件）	2	0	2	3	1	1
	地点数（个）	11	0	3	6	1	2

续表

年份	项目	近畿					
		滋贺县	京都府	大阪府	兵库县	奈良县	和歌山县
2017	10 万件以上	0	3	4	3	0	0
	10 万件以下	3	0	0	1	0	1
	总件数（件）	3	3	4	4	0	1
	地点数（个）	42	7	41	4	0	1
2018	10 万件以上	1	2	6	2	1	0
	10 万件以下	2	1	0	4	0	1
	总件数（件）	3	3	6	6	1	1
	地点数（个）	57	6	15	9	5	2
合计	10 万件以上	7	9	42	32	4	0
	10 万件以下	17	4	6	23	10	8
	总件数（件）	24	13	48	55	14	8
	地点数（个）	188	33	134	131	29	13

按县、按服务人口和按年份划分的调查数量（四国・中国地区） 表 B-8

年份	项目	四国・中国								
		鸟取县	岛根县	冈山县	广岛县	山口县	德岛县	香川县	爱媛县	高知县
2006	10 万件以上	0	0	0	0	0	0	1	0	0
	10 万件以下	0	0	0	0	0	0	1	0	0
	总件数（件）	0	0	0	0	0	0	2	0	0
	地点数（个）	0	0	0	0	0	0	2	0	0
2007	10 万件以上	0	0	0	0	0	0	0	0	0
	10 万件以下	0	0	0	1	0	0	0	0	0
	总件数（件）	0	0	0	1	0	0	0	0	0
	地点数（个）	0	0	0	1	0	0	0	0	0
2008	10 万件以上	1	0	0	2	0	0	0	0	1
	10 万件以下	0	0	0	0	0	0	0	0	0
	总件数（件）	1	0	0	2	0	0	0	0	1
	地点数（个）	1	0	0	2	0	0	0	0	1
2009	10 万件以上	0	0	0	0	1	0	0	0	0
	10 万件以下	1	0	0	0	0	0	0	0	0
	总件数（件）	1	0	0	0	1	0	0	0	0
	地点数（个）	1	0	0	0	1	0	0	0	0

续表

四国·中国										
年份	项目	鸟取县	岛根县	冈山县	广岛县	山口县	德岛县	香川县	爱媛县	高知县
2010	10万件以上	2	0	0	0	0	0	0	2	0
	10万件以下	0	0	1	0	0	0	0	0	1
	总件数（件）	2	0	1	0	0	0	0	2	1
	地点数（个）	5	0	1	0	0	0	0	2	8
2011	10万件以上	1	0	0	3	0	0	0	0	0
	10万件以下	1	0	0	1	0	0	0	1	0
	总件数（件）	2	0	0	4	0	0	0	1	0
	地点数（个）	3	0	0	4	0	0	0	1	0
2012	10万件以上	1	0	1	0	1	0	0	0	0
	10万件以下	0	0	0	0	1	1	0	0	0
	总件数（件）	1	0	1	0	2	1	0	0	0
	地点数（个）	1	0	2	0	2	2	0	0	0
2013	10万件以上	1	0	0	0	0	0	0	0	0
	10万件以下	1	0	1	0	1	0	0	0	0
	总件数（件）	2	0	1	0	1	0	0	0	0
	地点数（个）	7	0	1	0	1	0	0	0	0
2014	10万件以上	0	0	0	0	1	1	0	1	0
	10万件以下	1	0	3	0	0	0	0	1	0
	总件数（件）	1	0	3	0	1	1	0	2	0
	地点数（个）	3	0	3	0	1	2	0	7	0
2015	10万件以上	0	0	0	1	1	0	0	0	0
	10万件以下	1	0	2	0	2	2	0	0	0
	总件数（件）	1	0	2	1	3	2	0	0	0
	地点数（个）	1	0	3	8	7	5	0	0	0
2016	10万件以上	0	2	0	1	1	1	0	1	0
	10万件以下	0	0	2	0	0	0	0	1	0
	总件数（件）	0	2	2	1	1	1	0	2	0
	地点数（个）	0	2	2	2	3	3	0	3	0
2017	10万件以上	0	0	1	4	0	1	0	0	0
	10万件以下	1	2	0	2	1	0	0	1	0
	总件数（件）	1	2	1	6	1	1	0	1	0
	地点数（个）	4	6	1	18	11	1	0	4	0

续表

四国・中国										
年份	项目	鸟取县	岛根县	冈山县	广岛县	山口县	德岛县	香川县	爱媛县	高知县
2018	10 万件以上	0	0	1	3	0	1	1	2	0
	10 万件以下	0	0	1	0	0	0	0	0	0
	总件数（件）	0	0	2	3	0	1	1	2	0
	地点数（个）	0	0	3	3	0	1	3	7	0
合计	10 万件以上	6	2	3	14	5	4	2	6	1
	10 万件以下	6	2	10	4	5	3	1	4	1
	总件数（件）	12	4	13	18	10	7	3	10	2
	地点数（个）	26	8	16	38	26	14	5	24	9

（注：本州岛西南部，部分地域称中国地区）

按县、按服务人口和按年份划分的调查数量（九州地区） 表 B–9

九州									
年份	项目	福冈县	佐贺县	长崎县	熊本县	大分县	宫崎县	鹿儿岛县	冲绳县
2006	10 万件以上	0	0	0	0	0	0	0	0
	10 万件以下	0	0	0	0	0	0	0	0
	总件数（件）	0	0	0	0	0	0	0	0
	地点数（个）	0	0	0	0	0	0	0	0
2007	10 万件以上	0	0	0	0	0	0	0	0
	10 万件以下	0	0	0	0	0	0	0	0
	总件数（件）	0	0	0	0	0	0	0	0
	地点数（个）	0	0	0	0	0	0	0	0
2008	10 万件以上	0	1	0	0	0	0	0	1
	10 万件以下	0	0	1	0	0	0	0	0
	总件数（件）	0	1	1	0	0	0	0	1
	地点数（个）	0	1	1	0	0	0	0	6
2009	10 万件以上	0	0	0	0	0	0	0	1
	10 万件以下	0	0	1	0	0	0	0	0
	总件数（件）	0	0	1	0	0	0	0	1
	地点数（个）	0	0	4	0	0	0	0	6
2010	10 万件以上	1	0	0	1	0	1	1	1
	10 万件以下	0	0	0	1	0	0	0	0
	总件数（件）	1	0	0	2	0	1	1	1
	地点数（个）	3	0	0	12	0	10	4	6

续表

九州									
年份	项目	福冈县	佐贺县	长崎县	熊本县	大分县	宫崎县	鹿儿岛县	冲绳县
2011	10万件以上	1	0	0	1	0	1	0	1
	10万件以下	1	0	0	0	0	0	0	0
	总件数（件）	2	0	0	1	0	1	0	1
	地点数（个）	4	0	0	12	0	36	0	6
2012	10万件以上	0	0	0	1	0	0	0	0
	10万件以下	1	0	0	0	1	0	0	0
	总件数（件）	1	0	0	1	1	0	0	0
	地点数（个）	1	0	0	10	8	0	0	0
2013	10万件以上	3	0	0	4	1	0	0	0
	10万件以下	0	0	0	0	0	0	0	0
	总件数（件）	3	0	0	4	1	0	0	0
	地点数（个）	16	0	0	33	2	0	0	0
2014	10万件以上	2	0	0	1	0	0	0	0
	10万件以下	1	0	0	1	0	0	0	0
	总件数（件）	3	0	0	2	0	0	0	0
	地点数（个）	16	0	0	2	0	0	0	0
2015	10万件以上	2	0	1	0	0	0	0	0
	10万件以下	1	1	0	0	2	0	0	0
	总件数（件）	3	1	1	0	2	0	0	0
	地点数（个）	14	1	1	0	35	0	0	0
2016	10万件以上	1	0	0	0	0	0	0	0
	10万件以下	0	0	0	0	3	0	0	1
	总件数（件）	1	0	0	0	3	0	0	1
	地点数（个）	1	0	0	0	13	0	0	4
2017	10万件以上	2	0	0	1	1	0	0	0
	10万件以下	1	0	0	0	0	0	0	1
	总件数（件）	3	0	0	1	1	0	0	1
	地点数（个）	12	0	0	13	3	0	0	6
2018	10万件以上	0	0	0	0	1	0	0	1
	10万件以下	0	0	0	0	2	0	0	0
	总件数（件）	0	0	0	0	3	0	0	1
	地点数（个）	0	0	0	0	13	0	0	1

续表

九州									
年份	项目	福冈县	佐贺县	长崎县	熊本县	大分县	宫崎县	鹿儿岛县	冲绳县
合计	10 万件以上	12	1	1	9	3	2	1	5
	10 万件以下	5	1	2	2	8	0	0	2
	总件数（件）	17	2	3	11	11	2	1	7
	地点数（个）	67	2	6	82	74	46	4	35

资料 2 资料范例

参考资料可以从日本给水管道管内 CCTV 调查协会的网站下载。

附表 1 调查结果表

（1）调查地点

1）调查对象为配水管

①管型：____ ~ ____；

②内壁规格：____ ~ ____；

③口径：Φ____mm；

④埋设年份：____年。

2）使用的管道 CCTV 检测设备：____________

3）调查地点示意图（图 B-6）

图 B-6 调查地点示意图

4）调查结果

向________方向插入（下游）（插入距离约________m）（图 B-7）

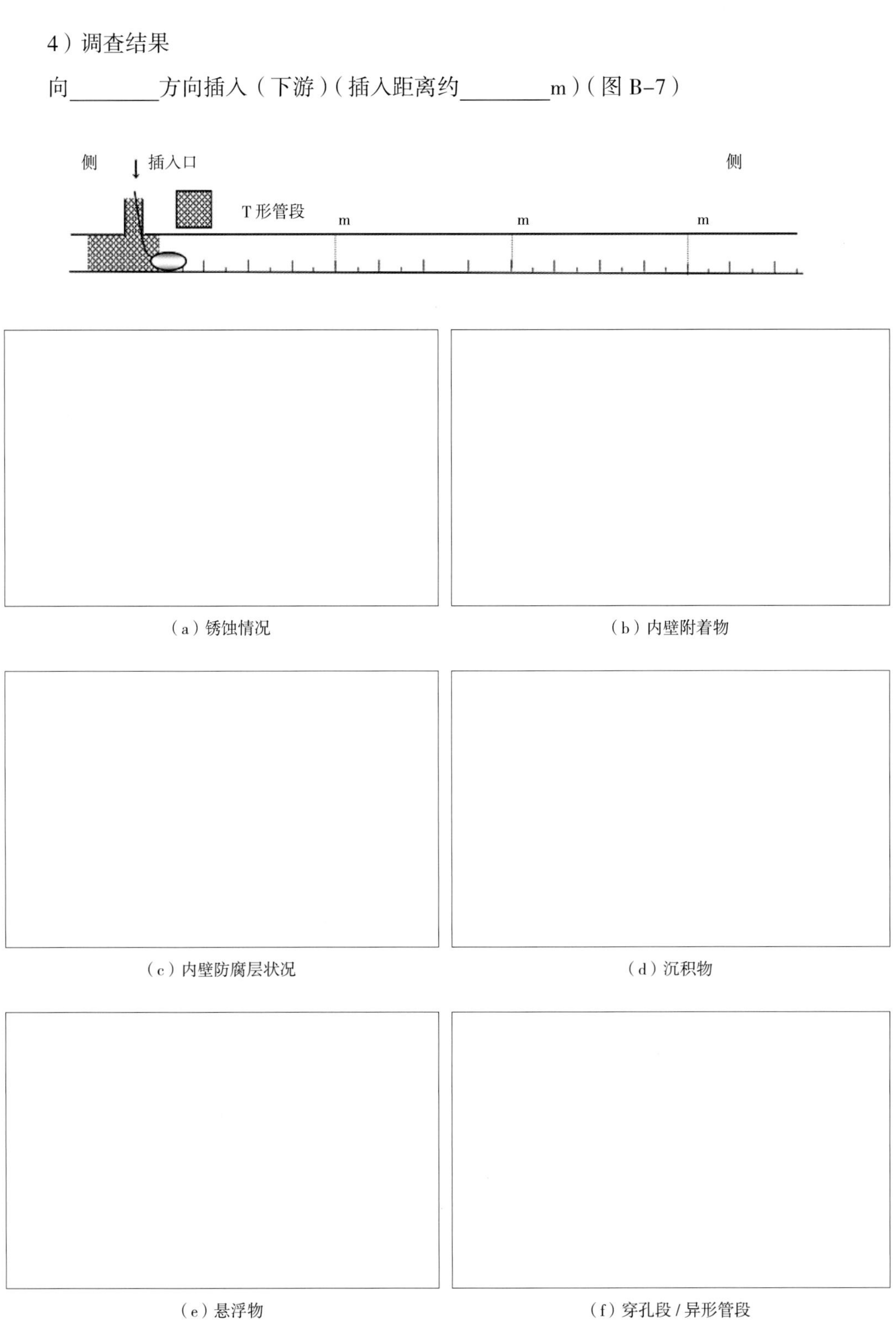

图 B-7 向____方向插入结果图

向________方向插入（上游）（插入距离约________m）（图 B-8）

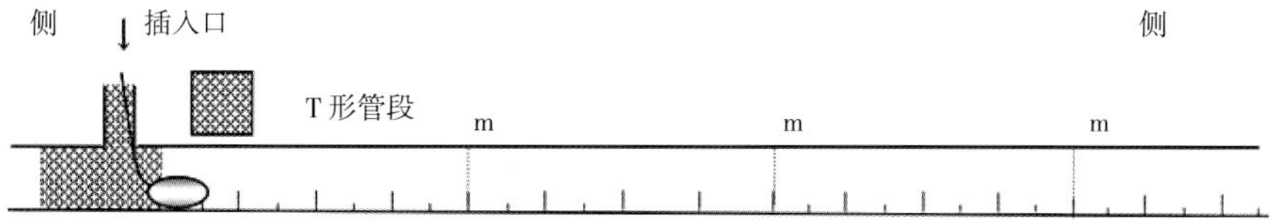

侧 插入口 侧
T 形管段
m m m

（a）锈蚀情况

（b）内壁附着物

（c）内壁防腐层状况

（d）沉积物

（e）悬浮物

（f）穿孔段 / 异形管段

图 B-8 向____方向插入结果图

附表 2　五种缺陷类型和五个等级的评估结果

调查地点的缺陷类型及其等级评价、评估状态见表 B-10。

缺陷类型及其等级评价、评估状态　　表 B-10

缺陷类型	等级评价	评估的状态
（1）锈蚀状态		
（2）内壁附着物		
（3）内壁防腐层状态		
（4）沉积物		
（5）悬浮物		

（1）关于锈的状态，因为______________，等级评为____。

（2）关于内壁附着物的状态，因为 ______________，等级评为 ____。

（3）关于内壁防腐层的状态，因为 ______________，等级评为____。

（4）关于沉积物的状态，因为 ______________，等级评为____。

（5）关于悬浮物的状态，因为 ______________，等级评为____。

附表 3　管道 CCTV 评估结果表

调查地点的管道 CCTV 评估结果见表 B-11。

管道 CCTV 评估结果　　表 B-11

<table>
<tr><td colspan="8">编号：</td></tr>
<tr><td colspan="2">调查编号</td><td colspan="3"></td><td>调查日期</td><td colspan="2">××××年××月××日</td></tr>
<tr><td colspan="2">部门名称</td><td colspan="6"></td></tr>
<tr><td rowspan="9">调查管道</td><td>现场地址</td><td colspan="6"></td></tr>
<tr><td>插入点</td><td colspan="3"></td><td colspan="2">消火栓编号或空气阀编号</td><td></td></tr>
<tr><td>管道种类</td><td colspan="3"></td><td colspan="2">连接方式（球磨铸铁管）</td><td></td></tr>
<tr><td>内壁规格</td><td>直管部</td><td colspan="2"></td><td colspan="2">异形管部</td><td></td></tr>
<tr><td>埋设年份</td><td>公历</td><td colspan="4"></td><td>年</td></tr>
<tr><td>管径</td><td colspan="5"></td><td>mm</td></tr>
<tr><td>计划调查总长度（上下游合计）</td><td colspan="5"></td><td>m</td></tr>
<tr><td>实际调查长度</td><td colspan="5"></td><td>m</td></tr>
<tr><td>自来水、工业用水、农业用水、其他</td><td colspan="2"></td><td colspan="3">自来水
（输、配、给水、其他）</td><td></td></tr>
<tr><td colspan="2">调查对象管线配水的主要净水厂</td><td colspan="6"></td></tr>
</table>

续表

管道内壁评估结果 （描述缺陷类型和最需要关注的部位的等级）			
上游方向管道（与流向相反）		下游方向管道（流向方向）	
缺陷类型		缺陷类型	
部位		部位	
评估等级		评估等级	
备注		备注	

附表 4　管道 CCTV 调查问诊表

管道 CCTV 调查问诊表

填写日期：×××× 年 ×× 月 ×× 日

部门名称：×× 市水务局

地　　址：×× 省 ×× 市 ×× 区 ×× 街

负责人名：×××

* 本问卷旨在对给水管道内壁的健康状况进行简单检查。

* 根据调查问卷中的信息，通过量化Ⅱ将群体确定为“好”或“坏”群体。

* 如果诊断为 " 坏 " 组，通过管道内窥摄像调查的方式进行详细的诊断评估是有效的。

1. 关于需要调查的给水管道

（☑匹配的选项，如果有多个选项，主要管道类型打☑）

（1）管道类型是什么？

□球墨铸铁管　□铸铁管　□钢管　□聚氯乙烯管

□用于输水的聚乙烯管　□石棉管　□不详　□其他

（2）是否有不规则形状的管道部分（弯曲管道、T 形管、分支管、阀门）？

□是　□仅有直管段　□不详

（3）建设的年份是什么时候？

□ 1970 年及以前　□ 1971~1989 年　□ 1990 年起　□不详

（4）内壁涂层是什么？

☐环氧树脂粉末涂料 ☐内衬砂浆 ☐环氧树脂涂层

☐煤焦油基涂料 ☐无内衬 ☐不详

（5）管径是多少？

☐ 100mm 或以下 ☐ 100~150mm ☐超过 150mm ☐不详

2. 碰到怎样的问题？（☑匹配的选项，可以多选）

☐锈或红水的产生 ☐锰或黑水的产生

☐涂层的脱落 ☐内壁涂膜的脱落（除涂层外）

☐锈瘤、沙子、石头和其他沉积物

☐悬浮物 ☐地基沉降

☐到目前为止没有问题

☐其他（请在下面说明）

（　　）

3. 需要调查的频率是多少？

☐几乎每天 ☐每周一次或两次 ☐每月数次 ☐极少

☐土地沉降约（　　）cm

4. 在水质调查结果中，待调查区域的纯净水的数值（年度最高和最低值）是多少？

☐锰及其化合物的浓度（最大　　mg/L 最小　　mg/L）

☐铁及其化合物的浓度（最大　　mg/L 最小　　mg/L）

☐钙、镁等（硬度）（最大　　mg/L 最小　　mg/L）

☐ pH（最大　　最小　　）

☐腐蚀性（朗格利尔指数）（最大　　最小　　）

5. 此前是否有进行过管道 CCTV 调查？

☐有（何时？年份） ☐没有

6. 对管道 CCTV 调查是否有兴趣？

☐有 ☐无